I0479267

COLECCIÓN ASTROFISICA

LAS ESTRELLAS DEL UNIVERSO

volumen 1

JOSÉ RUIZ WATZECK

RESUMEN

RESUMEN

Las estrellas son una de las entidades más fascinantes del universo, y desde la antigüedad han sido objeto de estudio y asombro. Con el advenimiento de la tecnología moderna, pudimos descubrir y comprender mejor la naturaleza de estas entidades cósmicas, que son los componentes básicos del universo.

En este libro, exploraremos las estrellas más grandes conocidas en el universo, que cuentan con dimensiones inimaginables y desafían nuestra comprensión de la física estelar. Estas estrellas, que varían en tamaño, brillo y edad, ofrecen una visión única de la evolución y la dinámica del universo.

La formación de una estrella gigante comienza con el colapso gravitacional de una nube molecular de gas y polvo. A medida que la nube se contrae, la temperatura y la densidad en su núcleo aumentan hasta que se produce la ignición nuclear, iniciando la fusión del hidrógeno en helio. La energía liberada por este proceso sustenta a la estrella, que entra en un equilibrio hidrostático entre la fuerza de la gravedad y la presión de la radiación.

Sin embargo, las estrellas más grandes del universo siguen un camino evolutivo diferente. Como tienen una masa mucho mayor que la del Sol, consumen su combustible nuclear mucho más rápido. Como resultado, su vida útil es significativamente más corta y su destino final es muy diferente.

A medida que la estrella se acerca al final de su vida, sufre una serie de explosiones termonucleares que culminan en una supernova. Esto libera una cantidad increíble de energía y puede dar lugar a la formación de objetos estelares compactos, como agujeros negros o estrellas de neutrones.

La estructura interna de una estrella gigante está influenciada por su masa, temperatura y edad. A medida que la estrella envejece, se expande y se enfría, dando como resultado una atmósfera cada vez más delgada y un núcleo cada vez más denso.

Las estrellas gigantes son conocidas por su alta luminosidad, que es una medida de la cantidad de energía que emiten. Esto se debe a que estas estrellas tienen una tasa muy alta de fusión nuclear en su núcleo, lo que resulta en la liberación de enormes cantidades de energía en forma de radiación electromagnética. Algunas de estas estrellas pueden emitir más de un millón de veces la luminosidad del Sol.

Las estrellas gigantes tienen implicaciones significativas para la evolución del universo, son responsables de la producción de elementos pesados, como el hierro, que son esenciales para la formación de planetas y la vida. Además, una explosión de supernova puede resultar en la formación de nuevas estrellas y sistemas planetarios.

Sin embargo, las estrellas gigantes también pueden representar un peligro para la vida en el universo, la explosión de una supernova puede ser extremadamente destructiva y puede aniquilar todas las formas de vida en un sistema estelar cercano.

Las mediciones astronómicas se utilizan para estudiar los objetos celestes y comprender el universo. Estas medidas se realizan utilizando unidades especiales para cuantificar distancias, tamaños, masas y otras propiedades de los cuerpos celestes.

Algunas de las unidades más comunes utilizadas en astronomía incluyen: Unidad astronómica (AU): utilizada para medir distancias dentro del sistema solar, correspondiente a la distancia promedio entre la Tierra y el Sol, unos 150 millones de kilómetros.

Año luz (AL): se utiliza para medir distancias fuera del sistema solar, correspondiente a la distancia que recorre la luz en un año, equivalente a 9,5 billones de kilómetros.

Parsec (pc): otra unidad de medida de distancia fuera del sistema solar, correspondiente a la distancia a la que una estrella tendría una paralaje de un segundo de arco, lo que representa 3,2 AL (año luz). También podemos aplicar la medida de megaparsecs y gigaparsecs a distancias mayores, sin embargo, tema para un libro futuro.

Magnitud aparente: se utiliza para medir el brillo de los objetos celestes, donde los números más pequeños indican un mayor brillo.

Magnitud Absoluta: Sirve para medir la luminosidad intrínseca de un objeto celeste, ajustando su magnitud aparente en función de su distancia.

Radián (rad): se utiliza para medir ángulos en el cielo, correspondiente al ángulo central subtendido por un arco de longitud igual al radio de la circunferencia.

Estas medidas astronómicas son esenciales para la investigación y comprensión del universo, y se utilizan en varias áreas de la astronomía, como la astrofísica, la astrobiología y la cosmología.

Para concluir, las estrellas son verdaderos colosos cósmicos que desafían nuestra comprensión del universo. Su tamaño, brillo y evolución presentan un conjunto único de desafíos para la física estelar y nuestra comprensión de la dinámica del universo. Además, estas estrellas tienen implicaciones significativas para la evolución del universo y podrían desempeñar un papel crucial en la formación de planetas y vida. Este libro ofrece una mirada detallada y accesible a estos extraordinarios fenómenos celestiales y su importancia para nuestra comprensión del universo.

EL SOL

E n relación con todos los cuerpos de nuestro sistema solar,
como cometas, polvo de estrellas, asteroides, planetas,
satélites naturales, etc., orbitan esta estrella. Clasificado
como una enana amarilla,responsable del 99,86% de lapastadel
Sistema Solar, el Sol tiene una masa 332.900 veces la de la
Tierra.Tierra, es suyovolumenes 1,3 millones de veces mayor que
la de nuestro planeta. La distancia de la Tierra al Sol es de unos 150
milloneskilómetroso 1unidad astronómica(AU). Esta distancia
varía a lo largo del año, desde un mínimo de 147,1 millones de
kilómetros (0,9833 AU) en el perihelio[1], hasta un máximo de
152,1 millones de kilómetros (1,017 AU), enafelio[2](que ocurre
alrededor del día4 de julio).

La luz del sol tarda unos 500 segundos, u 8 minutos y 34 segundos
en llegar a la Tierra, su composición primaria es el 74% de su masa
o el 91% de su volumen, constituye hidrógeno, el 24% de su masa
o el 7% de su volumen, está constituido por el helio y los demás
elementos siendo alrededor del 2% de su volumen, constituye en ;
calcio, cromo, azufre, hierro, neón, níquel, oxígeno y silicio. Su
clase espectral se conoce como G2V,su temperatura varía según
la capa de su estructura. El núcleo, que corresponde a la porción
central de la estructura solar, es también su región más caliente.
Es en él donde ocurre el proceso de fusión de los átomos de
hidrógeno, dando como resultado la formación de helio. La fusión
nuclear se encarga de generar calor que se propaga a otras capas.
Así, la temperatura del núcleo del Sol alcanza los 15,7 millones de
grados centígrados. En la superficie solar, que se llama fotosfera, la
temperatura es mucho más baja que en el núcleo, alcanzando los
5.500 °C. La zona convectiva, que consiste en una capa intermedia,

tiene temperaturas de hasta dos millones de grados centígrados o5780 grados Kelvin[3]o 5.780K donde su color original es el blanco, aunque aquí en la Tierra se ve en amarillo, naranja y a veces rojizo cuando está en el horizonte.El origen del Sol está asociado al colapso gravitatorio de la nebulosa solar, una nube formada por polvo y gases, este proceso se inició hace unos 4.500 millones de años, lo que corresponde a la edad del Sol.

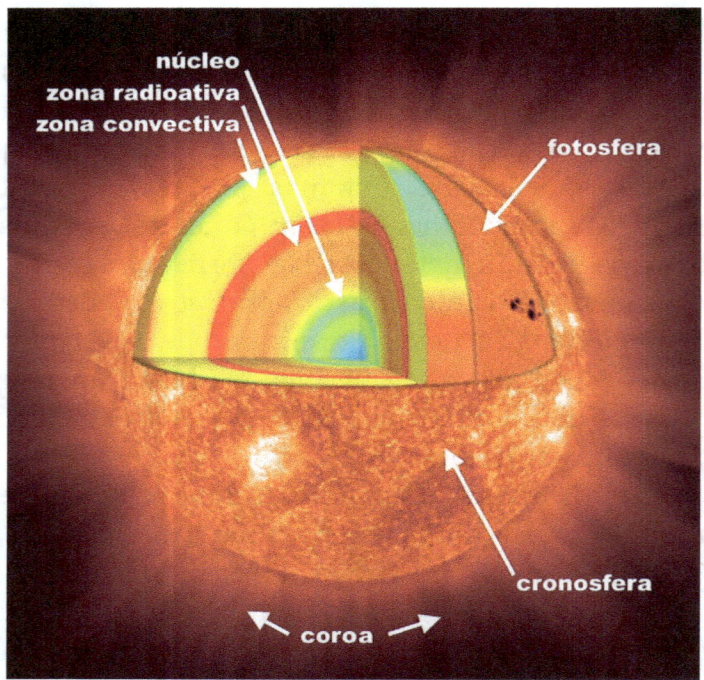

Esquema que indica cada una de las seis capas que componen el Sol.

• **Centro:** Corresponde a la capa más interna del Sol. Tiene aproximadamente mil veces el tamaño de la Tierra y también es más denso que nuestro planeta. Como vimos anteriormente, es en el núcleo del Sol donde tienen lugar las reacciones nucleares responsables de la producción de átomos de helio. Como resultado de este proceso, se produce la emisión de luz y la generación de calor.

• **Zona radiativa:** es una extensa capa que rodea el núcleo, correspondiente a casi la mitad del radio del Sol.

La energía que se genera en el núcleo solar se irradia a través de esta región, donde la temperatura desciende significativamente en comparación con la primera capa.

•   **zona convectiva:** también llamada zona de convección, corresponde a la capa situada por encima de la zona radiativa. En él se transfiere energía por medio de corrientes de convección formadas por el movimiento de gases a altas temperaturas.

•   **Fotosfera:** corresponde a la superficie del Sol. Con la ayuda de instrumentos apropiados es posible observar las columnas térmicas que ascienden desde la zona convectiva hacia la fotosfera, las cuales aparecen en forma de gránulos. También se observan manchas oscuras y se denominan manchas solares.

•   **Atmósfera:** forma la atmósfera solar, justo encima de la fotosfera. Tiene un color rosado y temperaturas más bajas, en torno a los 4.700 °C. Los chorros de gas se emiten desde esta capa hacia la corona.

•   **Corona:** capa más externa de la atmósfera solar. La corona es mucho más caliente que las capas debajo de ella, alcanzando los 2 millones de grados centígrados en las áreas más alejadas de la superficie. Consiste en una región muy extensa, de millones de kilómetros de largo, formada por gases en movimiento. Su velocidad es variable y puede alcanzar los 400 km/s. Aquí es donde se forma el viento solar.

No hay una superficie sólida en el Sol y, por esta razón, es difícil determinar cuántos días se necesitan para completar una rotación. Se estima que, en su línea ecuatorial, este movimiento toma 25 días terrestres, y en los polos toma más tiempo, 36 días terrestres.

El ciclo de vida del sol

evolución estelarse mide de dos maneras: a través de la edad actual desecuencia, que se determina a través demodelado computacionalde evolución estelar; Esnucleocosmocronología[4]. La edad medida usando estos procedimientos está de acuerdo con laedad radiométrica[5]del material más antiguo encontrado en el Sistema Solar, que tiene 4.567 millones de años.

El Sol está aproximadamente a la mitad de la secuencia principal, el período durante el cual la fusión nuclear fusiona el hidrógeno en helio. Cada segundo, más de 4 millones de toneladas de materia se convierten en energía dentro del centro solar, produciendo neutrinos y radiación solar. A esta velocidad, el Sol ha convertido alrededor de 100 masas terrestres en energía desde su formación hasta el presente. El Sol permanecerá en la secuencia principal durante unos 10 mil millones (10 mil millones) de años.En unos 5.000 millones de años, el hidrógeno del núcleo solar se agotará. Cuando esto ocurra, el Sol se contraerá por su propia gravedad, elevando la temperatura del núcleo solar a 100 millones de kelvins, suficiente para iniciar lafusión nuclear de helio, produciendocarbón, entrando en la fase derama gigante asintótica.

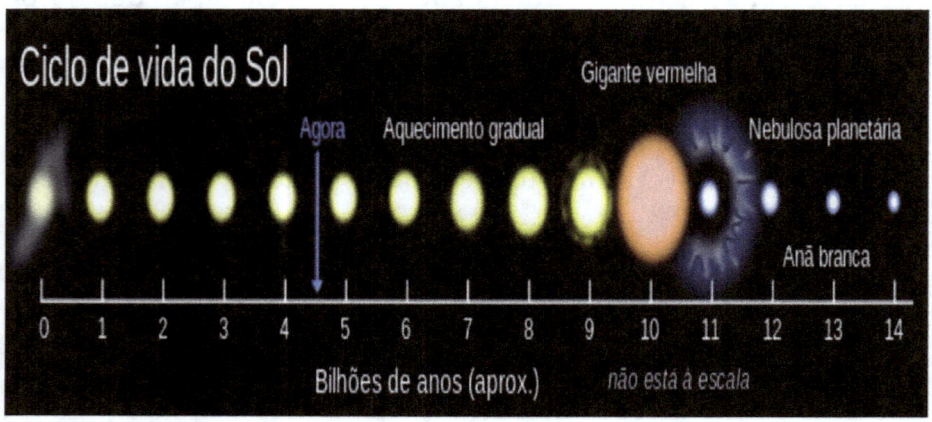

Ciclo de vida do Sol

Agora   Aquecimento gradual   Gigante vermelha   Nebulosa planetária

Anã branca

0 1 2 3 4 5 6 7 8 9 10 11 12 13 14

Bilhões de anos (aprox.)   não está à escala

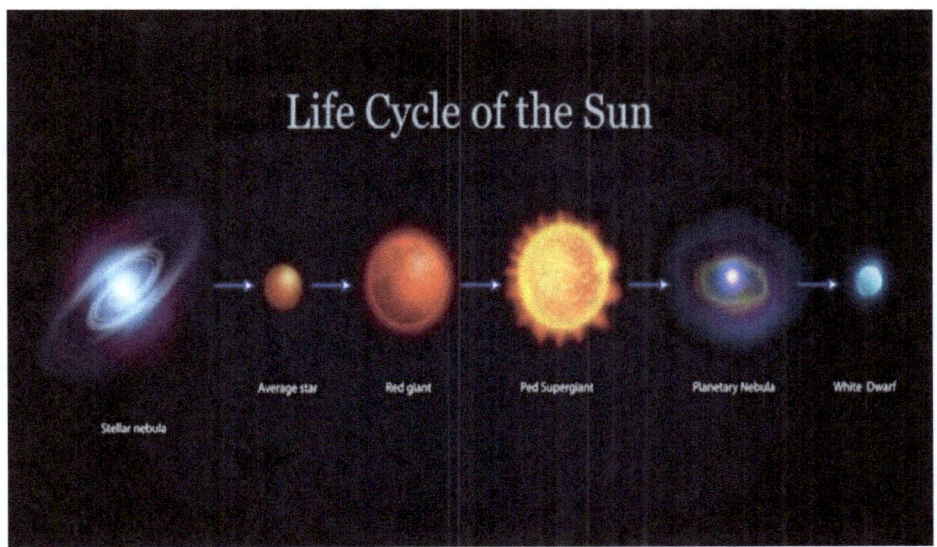

La producción de energía solar

La fusión de hidrógeno ocurre principalmente en una cadena de reacciones llamadacadena protón-protón:

$$4 \, {}^1H \rightarrow 2 \, {}^2H + 2 \, y^+ + 2 \, v_{Es} (4,0 \, \text{MeV} + 1,0 \, \text{MeV})$$
$$2 \, {}^1H + 2 \, {}^2H \rightarrow 2 \, {}^3\text{Él} + 2\gamma \, (5,5 \, \text{MeV})$$
$$\text{dos} \, {}^3\text{el} \rightarrow {}^4He + 2 \, {}^1H \, (12,9 \, \text{MeV})$$

Estas reacciones se pueden resumir de acuerdo con la siguiente fórmula:

$$4 \, {}^1H \rightarrow {}^4\text{el} + 2 \, y^+ + 2 \, v_{Es} + 2 \, \gamma \, (26,7 \, \text{MeV})$$

El Sol tiene alrededor de 8,9 x 1056 núcleos de hidrógeno (protones libres), y la cadena protón-protón se produce 9,2 x 1037 veces por segundo en el núcleo solar. Dado que esta reacción utiliza cuatro protones, alrededor de 3,7 x 1038 protones (o 6,2 x 1011 kg) se convierten en núcleos de helio cada segundo.[Esta reacción convierte el 0,7% de la masa fundida en energía y, como resultado, alrededor de 4,26 millones de toneladas métricas por segundo se convierten en 383 yotta-vatios (3,83 x 1026 W), o 9,15 x 1010 megatones deTNTde energía por segundo, según la ecuación masa-energíaE=mc²enAlbert Einstein.

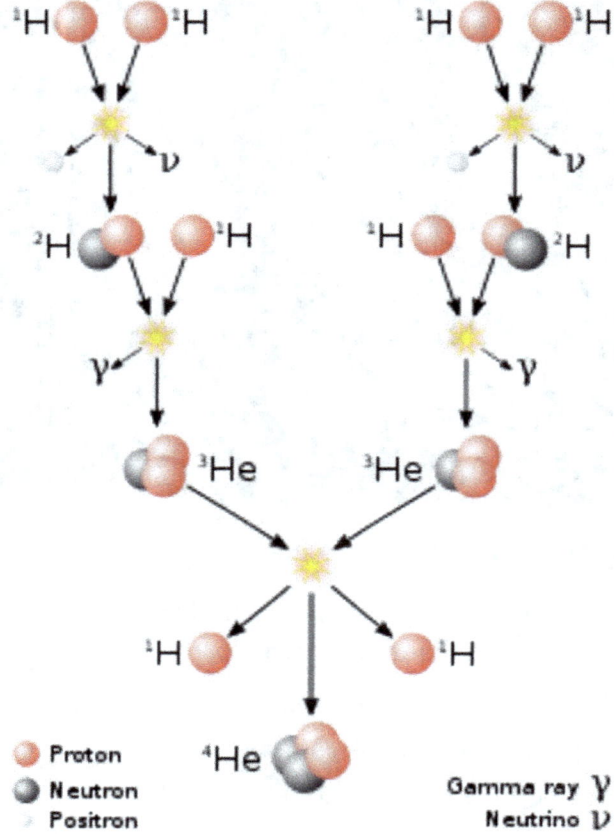

diagrama decadena protón-protón, el ciclo deFusión nuclearque
genera la mayor parte de la energía del sol

La densidad de potencia es de unos 194 µW/kg de materia y, aunque la fusión tiene lugar en el núcleo solar relativamente pequeño, la densidad de potencia del plasma en esta región es 150 veces mayor. En comparación, el calor producido por el cuerpo humano es de 1,3 W/kg, unas 600 veces mayor que el del Sol, por unidad de masa.

Incluso teniendo en cuenta sólo el núcleo solar, con densidades 150 veces superiores a la densidad media de la estrella, el Sol produce relativamente poca energía, a razón de 0,272 W/

m³. Sorprendentemente, esta potencia es mucho menor que la generada por una vela encendida. El uso de plasma en la Tierra con parámetros similares a los del núcleo solar es imposible, incluso una planta modesta de 1 GW requeriría alrededor de 5 mil millones (5 mil millones) de toneladas métricas de plasma.

La tasa de fusión nuclear depende mucho de la densidad y la temperatura del núcleo: una tasa de fusión ligeramente más alta hace que el núcleo se caliente, expandiendo las capas exteriores del Sol y, en consecuencia, disminuyendo la presión gravitacional ejercida por las capas exteriores. y la tasa de fusión. A medida que disminuye la tasa de fusión, las capas exteriores se contraen, aumentando su presión contra el núcleo solar, lo que nuevamente aumentará la tasa de fusión, haciendo que el ciclo se repita.

Los fotones de alta energía (rayos gamma) generados por la fusión nuclear son absorbidos por los núcleos presentes en el plasma solar y reemitidos nuevamente en una dirección aleatoria, esta vez con una energía ligeramente menor. Luego se absorben nuevamente y el ciclo se repite. Como resultado, la radiación generada por la fusión nuclear en el núcleo solar tarda mucho en llegar a la superficie. Las estimaciones del tiempo de viaje oscilan entre 10 y 170.000 años.

Después de pasar a través de la capa de convección a la superficie "transparente" de la fotosfera, los fotones escapan como luz visible. Cada rayo gamma del núcleo solar se convierte en varios millones de fotones visibles antes de escapar al espacio. Los neutrinos también se generan por fusión nuclear en el núcleo, pero a diferencia de los fotones, rara vez interactúan con la materia. La mayoría de los neutrinos producidos acaban escapando del Sol inmediatamente. Durante varios años, las mediciones de la cantidad de neutrinos producidos por el Sol fueron tres veces más bajas de lo previsto. Este problema se resolvió recientemente con el descubrimiento de los efectos de la oscilación de neutrinos.

ALFA CENTAURO

La estrella Alfa Centauri es un sistema estelar triple ubicado a unos 4,37 años luz de la Tierra en la constelación de Centauro. Es la estrella más cercana a nuestro sistema solar, y puede verse a simple vista en el hemisferio sur.

El sistema consta de tres estrellas: Alpha Centauri A, Alpha Centauri B y Proxima Centauri. Alpha Centauri A y B orbitan uno alrededor del otro, formando un sistema binario, mientras que Proxima Centauri está más lejos y orbita alrededor del par central. Alpha Centauri A es la estrella más brillante del sistema, con una masa ligeramente superior a la del Sol, mientras que Alpha Centauri B es ligeramente más pequeña y más fría. Proxima Centauri es una estrella enana roja, aproximadamente un octavo de la masa del Sol.

Hay mucho interés en Alpha Centauri como destino potencial para la exploración espacial y la búsqueda de vida extraterrestre, ya que es la estrella más cercana a nuestro sistema solar. Se están planeando varias misiones e iniciativas para estudiar este sistema estelar más de cerca.

Cada una de estas estrellas tiene sus propias características físicas y químicas distintas.

Alpha Centauri A es una estrella de color amarillo-blanco, con una masa de aproximadamente 1,1 veces la del Sol, un radio de aproximadamente 1,22 veces el radio del Sol y una temperatura de aproximadamente 5800 Kelvin. Su luminosidad es aproximadamente 1,5 veces la del Sol.

Alpha Centauri B es una estrella amarilla y naranja, con una masa de aproximadamente 0,9 veces la del Sol, un radio de aproximadamente 0,86 veces el radio del Sol y una temperatura de aproximadamente 5300 Kelvin. Su luminosidad es aproximadamente 0,5 veces la del Sol.

Proxima Centauri es una estrella enana roja, con una masa de aproximadamente 0,12 veces la del Sol, un radio de aproximadamente 0,14 veces el radio del Sol y una temperatura de aproximadamente 3000 Kelvin. Su luminosidad es unas 0,0015 veces la del Sol.

En cuanto a la composición química, las tres estrellas están compuestas principalmente por hidrógeno y helio, con trazas de otros elementos como carbono, oxígeno, nitrógeno, hierro y otros metales. El análisis de la luz emitida por las estrellas permite a los científicos determinar la composición química y otras propiedades físicas de estos objetos celestes.

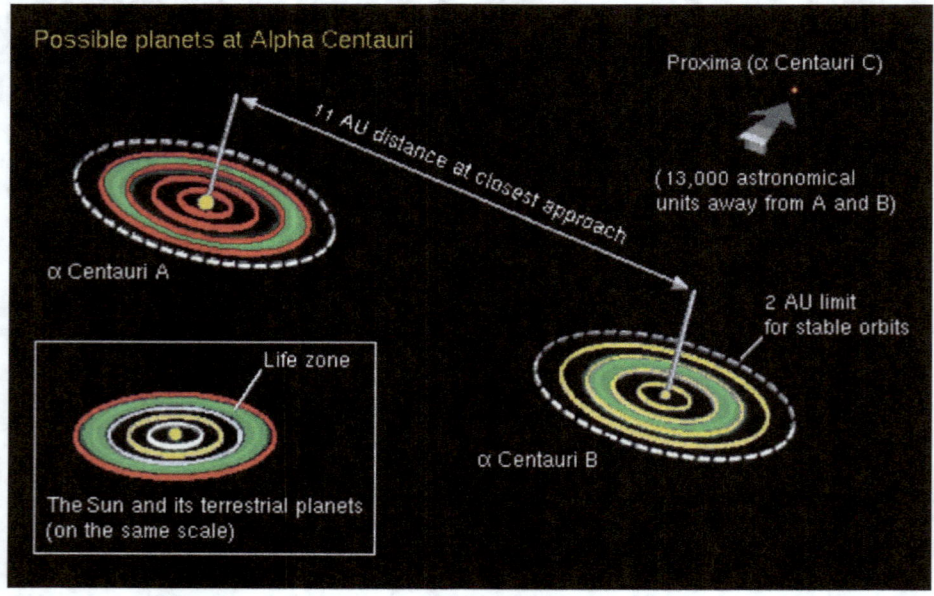

La distancia entre Alpha Centauri A y Alpha Centauri B varía con el tiempo, debido a su órbita elíptica alrededor de su centro de masa común. Esta distancia oscila entre unas 11 unidades astronómicas (UA) en el periastro (el punto más cercano de la órbita) y unas 35 UA en el apoastrum (el punto más lejano de la órbita). De media, la distancia entre las dos estrellas es de unas 23,7 UA.

La distancia entre Alpha Centauri A y Proxima Centauri es de unas 13.000 AU, o unos 4,24 años luz. La distancia entre Alpha Centauri B y Proxima Centauri es de unas 12.900 UA, o unos 4,22 años luz. En resumen, las estrellas del sistema Alpha Centauri están relativamente cerca entre sí en comparación con otras estrellas del universo, pero todavía están demasiado lejos para alcanzarlas con las tecnologías actuales.

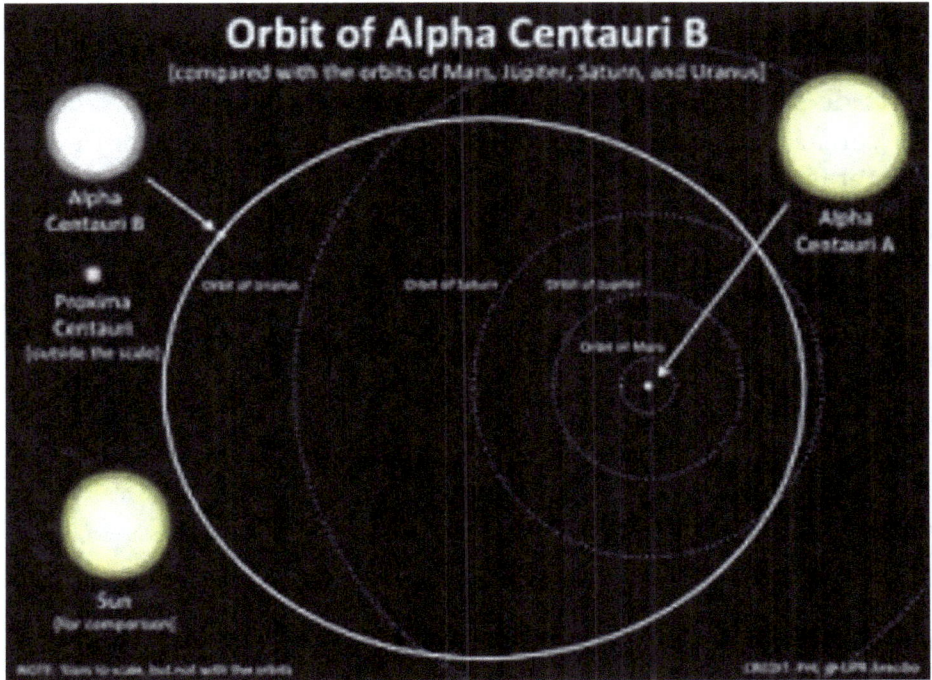

Hasta ahora, se han descubierto algunos planetas que orbitan estrellas en el sistema Alpha Centauri, pero ninguno de ellos orbita directamente las estrellas Alpha Centauri A o B, que forman un sistema binario.

El primer planeta descubierto en el sistema Alpha Centauri fue

Proxima b, en 2016, que orbita la estrella Proxima Centauri en una órbita muy cercana, con un período orbital de unos 11,2 días. Proxima b es un planeta rocoso con una masa similar a la de la Tierra y orbita en una zona habitable, lo que significa que podría haber agua líquida en su superficie. Sin embargo, queda por ver si el planeta tiene una atmósfera adecuada para sustentar la vida.

En 2017, se descubrió otro planeta que orbitaba la estrella Alfa Centauri B, pero otros observatorios aún no han confirmado su existencia y se necesita más investigación para confirmar su presencia.

Además de estos dos planetas, hay varias iniciativas en marcha para buscar más planetas en el sistema Alpha Centauri, incluido el proyecto "Breakthrough Starshot", que propone enviar una flota de sondas espaciales ultrarrápidas para estudiar el sistema de cerca. Con estos esfuerzos, es posible que se descubran más planetas en el sistema Alpha Centauri en el futuro.

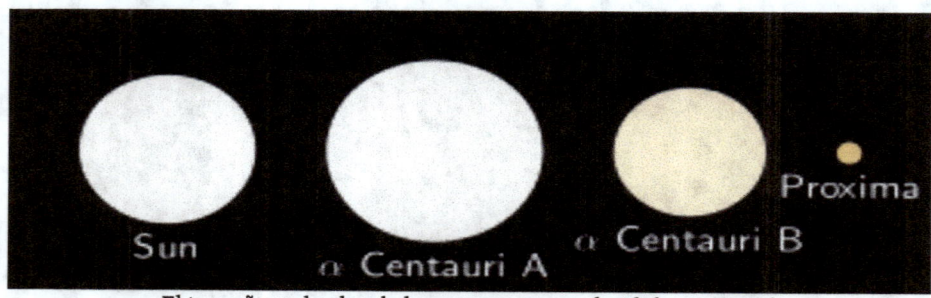

El tamaño y el color de los componentes de Alpha Centauri parecen estar a escala en comparación con el Sol

SIRIUS

Sirius es una estrella binaria ubicada en la constelación Canis Major. Es la estrella más brillante del cielo nocturno, con una magnitud aparente de -1,46. La estrella principal, conocida como Sirius A, es una estrella de secuencia principal de tipo espectral A1V, mientras que la compañera, conocida como Sirius B, es una enana blanca extremadamente densa. La distancia de Sirio a la Tierra es de unos 8,6 años luz, lo que la convierte en una de las estrellas más cercanas a nosotros, en términos de kilómetros, esta distancia equivale a unos 8,1 billones de km (8,1 x 10^12 km).

Esa distancia es relativamente cercana en términos astronómicos, lo que convierte a Sirius en una de las estrellas más cercanas a nuestro sistema solar. La proximidad de Sirio ha permitido a los astrónomos estudiar y observar la estrella con detalle y precisión, utilizando diferentes técnicas de observación como la espectroscopia, la fotometría y la interferometría.

Además, Sirio tiene una gran importancia histórica y cultural en muchas sociedades del mundo, incluida la cultura del antiguo Egipto y la cultura indígena Dogon, que tienen leyendas y mitos sobre la estrella.

La composición química y física de Sirius A, la estrella principal del sistema binario, es bien conocida por astrónomos y científicos. Con base en observaciones espectroscópicas, se cree que la composición química de Sirius A es similar a la del Sol, compuesta principalmente de hidrógeno (alrededor del 71 % en masa) y helio (alrededor del 27 % en masa), con trazas de otros más pesados, como oxígeno, carbono, hierro, nitrógeno y otros.

En términos de física, Sirius A es una estrella A1V, con una temperatura superficial estimada de alrededor de 9.940 Kelvin y una masa aproximada de 2,02 masas solares. Su luminosidad es unas 25 veces mayor que la del Sol y su edad se estima en unos 230 millones de años. Es una estrella muy estable y se encuentra en la fase principal de su evolución estelar, convirtiendo hidrógeno en helio en su núcleo mediante reacciones de fusión nuclear.

Sirius B, la estrella compañera del sistema binario, es una enana blanca extremadamente densa y caliente, con una masa aproximada de 0,6 masas solares y un radio estimado de solo 0,0085 veces el radio del Sol. Se estima que la temperatura de su superficie ronda los 25.200 Kelvin, lo que la convierte en una de las estrellas más calientes conocidas. Se cree que Sirius B es el núcleo expuesto de una estrella gigante que perdió su atmósfera exterior en una etapa anterior de su evolución. La distancia orbital entre las dos estrellas es de unas 20 unidades astronómicas (UA).

Compuesta por dos estrellas que orbitan alrededor de un centro de masa común, debido a la fuerza gravitatoria que actúa entre ellas, la estrella principal, Sirio A, tiene una masa mayor que la estrella compañera, Sirio B, y por tanto el centro de masa de la binaria. El sistema es el más cercano a Sirius A.

La órbita de Sirius B alrededor de Sirius A es muy pequeña en comparación con la órbita de la Tierra alrededor del Sol. Según las observaciones, la distancia media entre las dos estrellas es de unas 20 unidades astronómicas (UA) y el período orbital es de unos 50,1 años. La excentricidad de la órbita es muy baja, lo que significa que la distancia entre las estrellas no varía mucho durante la órbita.

La interacción gravitacional entre las dos estrellas tiene efectos observables, como un cambio periódico en la posición aparente de Sirius A en el cielo, conocido como movimiento propio. Además, la órbita de Sirius B está inclinada con respecto a la línea de visión de la Tierra, lo que provoca variaciones periódicas en el brillo del sistema binario, conocidas como variaciones de velocidad radial. Estas variaciones permiten determinar la masa y otras propiedades de las estrellas en el sistema binario.

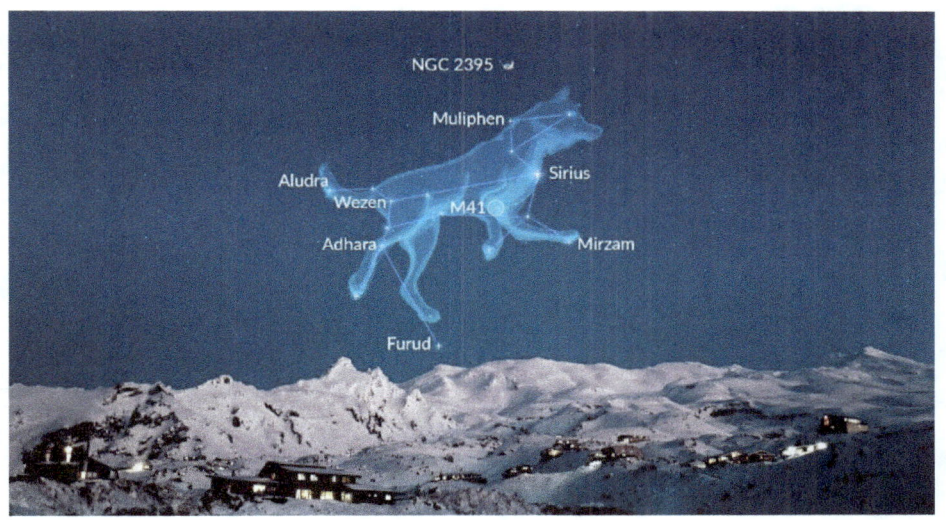

WR 104

La estrella WR 104, es un sistema estelar binario ubicado en la constelación de Sagitario, a unos 8.000 años luz de la Tierra. Está clasificada como una estrella Wolf-Rayet, un tipo de estrella extremadamente luminosa y masiva que se acerca al final de su vida.

El sistema binario consta de dos estrellas que orbitan alrededor de un centro de masa común. Una de las estrellas es una estrella Wolf-Rayet con una masa de unas 25 veces la del Sol, mientras que la otra es una estrella más pequeña pero más masiva con una masa de unas 10 veces la del Sol.

Una de las características más interesantes de WR 104 es la presencia de una nube de polvo que rodea las estrellas, que se cree que fue expulsada del sistema en una etapa anterior de su evolución. Se cree que esta nube de polvo tiene forma de espiral o de peonza, y podría ser el precursor de una futura explosión de supernova.

Debido a su ubicación en la Vía Láctea, WR 104 está muy oscurecido por el polvo interestelar, lo que dificulta su estudio. Sin embargo, continuamos observando el sistema utilizando una variedad de técnicas, incluidas observaciones infrarrojas y de rayos X, para aprender más sobre las propiedades y la evolución de las estrellas masivas.

WR 104 at 2.27 Microns
April 98

Interacting Binary Wind Model
of Spiral Outflow Around WR 104

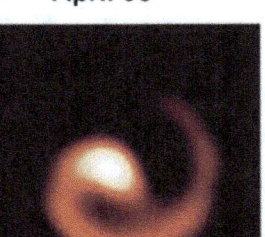

1/10 ARCSEC

160 AU

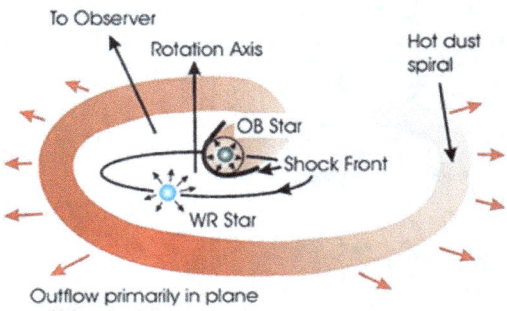

To Observer

Rotation Axis

Hot dust spiral

OB Star

Shock Front

WR Star

Outflow primarily in plane
of binary orbit

No hay evidencia científica de que WR 104 represente un riesgo directo para la Tierra. Aunque es una estrella masiva e inestable, y eventualmente podría explotar en una supernova, es poco probable que los efectos de la explosión lleguen directamente a la Tierra debido a su distancia.

Sin embargo, una explosión de supernova cercana puede tener efectos colaterales en la Tierra, como aumentar la radiación cósmica, provocar cambios en el clima y afectar la capa de ozono. Además, si la nube de polvo alrededor de WR 104 apuntara hacia la Tierra, podría afectar la atmósfera y posiblemente causar una lluvia de meteoritos.

Sin embargo, es importante tener en cuenta que la posibilidad de que ocurra una supernova en WR 104 se considera muy baja, e incluso si lo hace, la probabilidad de que afecte significativamente a la Tierra se reduce considerablemente.

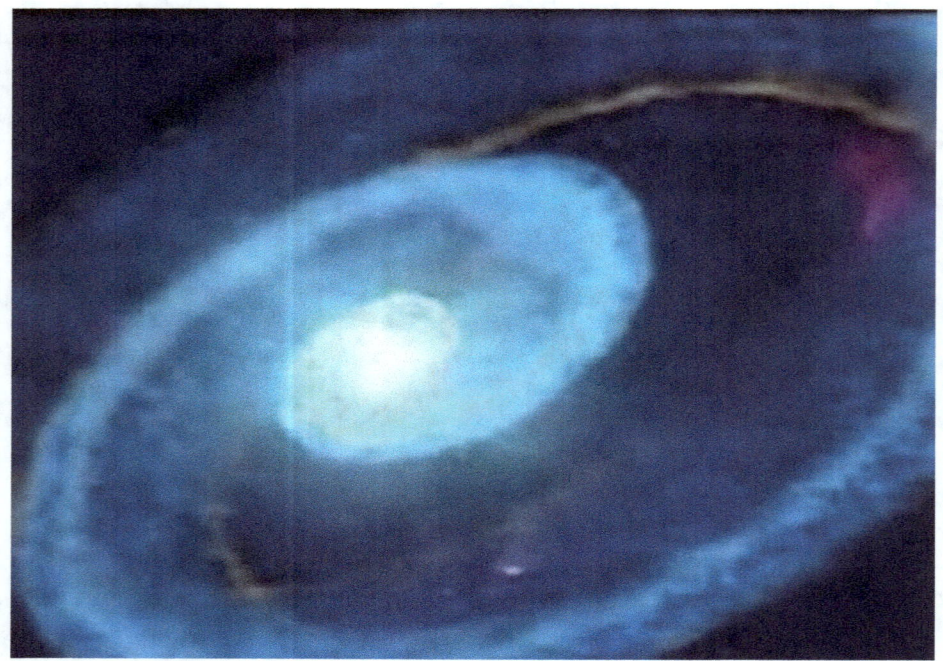

Como una estrella extremadamente masiva y caliente, con una temperatura superficial estimada entre 50 000 y 60 000 grados centígrados, ha perdido la mayor parte de su capa exterior de hidrógeno y helio a través del fuerte viento estelar, dejando al descubierto capas internas de elementos más pesados.

Estudios espectroscópicos indican que WR 104 es rico en elementos pesados como carbono, oxígeno, nitrógeno, silicio y hierro. Además, el análisis de la luz emitida por la estrella sugiere la presencia de otros elementos, como neón, magnesio, azufre y argón.

También se sabe que la estrella está rodeada por una nube de polvo, que probablemente contiene compuestos orgánicos y minerales producidos por los elementos pesados emitidos por la estrella.

Su espectro muestra la presencia de una variedad de elementos, y la nube de polvo que la rodea contiene compuestos orgánicos y minerales.

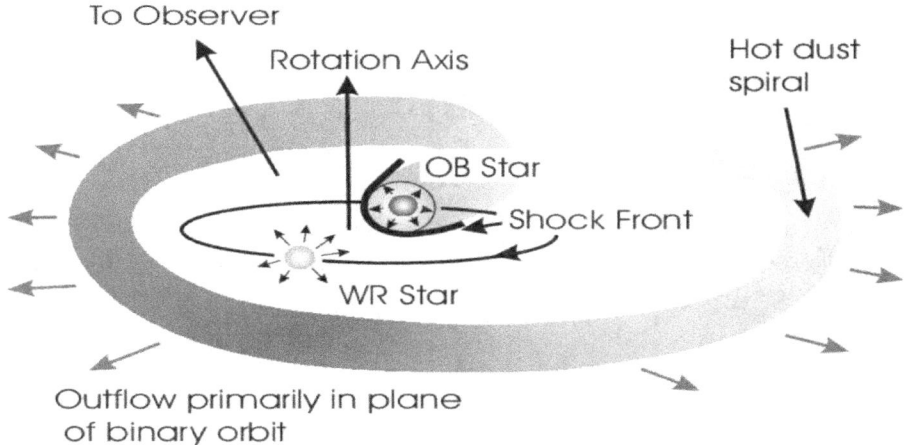

La órbita de la estrella WR 104 es compleja, ya que las dos estrellas están muy cerca una de la otra y se influyen mutuamente con su gravedad. La estrella más pequeña y masiva orbita la estrella Wolf-Rayet cada 220 días, mientras que la distancia entre las dos estrellas varía entre 10 y 30 veces la distancia promedio entre la Tierra y el Sol.

Además, la inclinación de la órbita con respecto a la línea de visión de la Tierra es alta, lo que hace que veamos el sistema desde un ángulo inclinado dificultando la observación y el análisis correcto de la órbita.

ZETA ORIÓNIS- ALNITAK

Alnitak es una estrella supergigante azul ubicada en la constelación de Orión, a unos 800 años luz de la Tierra. Es una de las estrellas más brillantes de la región de Orión y es fácilmente visible a simple vista, conocida popularmente como "Las Tres Marías". Forma parte del "Cinturón de Orión", una formación prominente de tres estrellas en el cielo nocturno. Alnitak es la estrella más oriental del cinturón, mientras que las otras dos estrellas son Alnilam (en el centro) y Mintaka (en el oeste). Alnitak tiene una masa estimada de unas 30 veces la del Sol y es una estrella muy joven, estimada en unos 6 millones de años.

Alnitak tiene una masa estimada de unas 30 veces la masa del Sol y un diámetro estimado de unas 20 veces el diámetro del Sol. Esto significa que Alnitak es una estrella supergigante azul extremadamente grande y brillante con un tamaño físico de alrededor de 40 millones de kilómetros (aproximadamente 28 veces la distancia entre la Tierra y el Sol) y una temperatura superficial de alrededor de 28.000 grados centígrados.

Alnilam es una estrella supergigante azul ubicada en la constelación de Orión, al igual que Alnitak y Mintaka. Tiene una masa estimada de unas 30 veces la masa del Sol y un diámetro estimado de unas 36 veces el diámetro del Sol. Esto significa que Alnilam es una estrella extremadamente grande, con un tamaño físico de alrededor de 23 millones de kilómetros (aproximadamente 16 veces la distancia entre ellos y alrededor de 31 000 grados centígrados). Mintaka es la estrella más occidental del Cinturón de Orión, mientras que Alnilam es la estrella central del cinturón y Alnitak es la estrella más oriental.

Alnitak, Alnilam y Mintaka son todas estrellas supergigantes azules o gigantes azul-blancas, lo que significa que tienen composiciones químicas y físicas similares. La composición química de estas estrellas está determinada principalmente por la fusión nuclear que tiene lugar en sus núcleos, que convierte el hidrógeno en helio y produce una variedad de elementos más pesados a través de reacciones de fusión adicionales.

A partir de estudios espectroscópicos, sabemos que estas estrellas contienen hidrógeno, helio y una gran cantidad de elementos más pesados, como carbono, nitrógeno, oxígeno, neón, magnesio, silicio y hierro. Además, estas estrellas también contienen cantidades más pequeñas de otros elementos, como sodio, aluminio, calcio y níquel.

En cuanto a su estructura física, estas estrellas tienen núcleos densos y calientes donde tienen lugar las reacciones de fusión nuclear que generan la energía que irradian. Estos núcleos están rodeados por capas de gas ionizado que forman la atmósfera de las estrellas. La temperatura y la presión en estas capas disminuye a medida que nos alejamos del núcleo, lo que conduce a la formación de diferentes zonas con diferentes propiedades físicas y químicas.

Además, estas estrellas también tienen poderosos campos magnéticos que pueden afectar sus atmósferas y producir fenómenos como vientos estelares, erupciones solares y otra actividad magnética. En resumen, las estrellas Alnitak, Alnilam y Mintaka son objetos celestes complejos y fascinantes que continúan desafiando nuestra comprensión científica de muchas maneras.

Estrellas tan masivas como estas tienen una vida mucho más corta que estrellas más pequeñas como el Sol. Consumen su combustible nuclear a un ritmo mucho más rápido, lo que significa que tienen una vida útil mucho más corta.

Se estima que las estrellas Alnitak, Alnilam y Mintaka tienen entre 5 y 10 millones de años. Eso puede parecer mucho, pero en comparación con la edad del universo, que se estima en alrededor de 13.800 millones de años, son relativamente jóvenes. Se estima que estas estrellas tienen unos cientos de miles a unos pocos millones de años antes de agotar su combustible nuclear y colapsar para convertirse en estrellas de neutrones o agujeros negros.

Constelación de Orión, imagen que representa el origen, simbología y mitología.

Estas tres estrellas no se orbitan entre sí, sino que orbitan alrededor del centro de la Vía Láctea junto con nuestro Sol y miles de millones de otras estrellas. La órbita de estas estrellas alrededor del centro de la Vía Láctea está influenciada principalmente por la gravedad de la galaxia y la distribución de la materia en su región.

La velocidad orbital de las estrellas en el Cinturón de Orión se puede medir a partir de su velocidad radial, que es la velocidad a la que se acercan o se alejan de nosotros a lo largo de la línea de visión. A partir de estas mediciones, estimamos que las estrellas Alnitak, Alnilam y Mintaka se mueven a una velocidad de unos 20 a 30 kilómetros por segundo alrededor del centro de la Vía Láctea, esto significa que tardan unos 200 millones de años en completar una órbita alrededor de la Vía Láctea. galaxia.

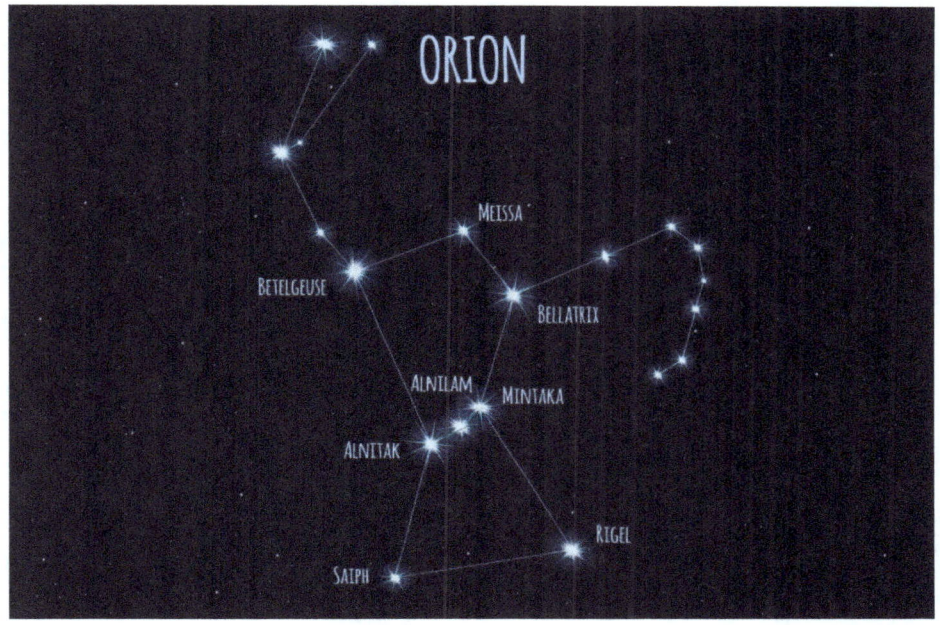

ALDEBARÁN

Aldebarán es una estrella gigante roja en la constelación de Tauro. Es la estrella más brillante de la constelación y la decimotercera estrella más brillante del cielo nocturno, fácilmente reconocible por su color rojizo y su posición prominente cerca del cúmulo estelar de las Pléyades.

La estrella tiene una magnitud aparente de 0,85 y una magnitud absoluta de -0,63, lo que significa que es unas 425 veces más brillante que el Sol. Se encuentra a unos 65 años luz de la Tierra y tiene una masa estimada de alrededor de 1,7 masas solares.

Aldebarán ha sido importante para varias culturas a lo largo de la historia, incluidos los antiguos persas, quienes creían que la estrella era la pupila del ojo celestial. Los árabes la llamaban "la seguidora" porque parecía seguir a las Pléyades por el cielo nocturno.

La estrella orbita alrededor del centro de la Vía Láctea, al igual que el Sol y otras estrellas cercanas. Sin embargo, como es común en astronomía, la órbita de Aldebarán se describe más fácilmente en términos de su relación con el sistema solar, ya que esto es lo que observamos desde la Tierra.

Aldebarán no es parte del sistema solar, pero se encuentra a unos 65 años luz de la Tierra. Se mueve por el espacio con una velocidad media de unos 50 km/s en relación con el Sol. Su órbita alrededor de la Vía Láctea es mucho más ancha y lenta, y tarda alrededor de 625 millones de años en completar una sola vuelta alrededor del centro galáctico. Se sabe que tiene un compañero binario cercano, aunque este es mucho más débil y difícil de observar. La estrella compañera orbita Aldebarán con un período de unos 600 años y se encuentra a una distancia media de unos 1.500 millones de kilómetros de la estrella principal.

Su temperatura efectiva es de alrededor de 3.900 grados centígrados, mucho más fría que la temperatura del Sol, que ronda los 5.500 grados centígrados. Como resultado, Aldebaran emite la mayor parte de su luz en el rango infrarrojo.

Químicamente, se compone principalmente de hidrógeno y helio, como la mayoría de las estrellas. Sin embargo, también contiene cantidades significativas de otros elementos como carbono, oxígeno y nitrógeno, estos elementos se crean dentro de la estrella a través de reacciones nucleares que tienen lugar en su núcleo y capas externas.

A medida que Aldebarán envejece, sufre una serie de transformaciones en su estructura interna, agotando el hidrógeno en su núcleo y comenzando a quemar helio, expandiéndose y enfriándose en un proceso conocido como gigante roja. A medida que se agota el helio, la estrella continuará evolucionando y expandiéndose aún más, eventualmente despojándose de sus capas externas y formando una nebulosa planetaria.

Algunos datos divertidos sobre este cuerpo celeste es que en la cultura popular occidental moderna, Aldebarán a menudo se cita en canciones, películas y libros como una referencia poética al cielo nocturno y la naturaleza cósmica del universo. En la serie de ciencia ficción "Star Trek", Aldebarán se menciona varias veces como un lugar importante en la galaxia. Por ejemplo, la tripulación de la USS Enterprise visita el planeta Aldebaran III en un episodio de la serie original y, finalmente, en la mitología persa se la consideraba la "pupilo del ojo celestial" y una de las cuatro estrellas reales asociadas a los cuatro elementos. de la naturaleza. Aldebarán representaba el elemento del fuego.

GAMA CRUCIS

La estrella Gamma Crucis, también conocida como Gacrux, es una de las estrellas más brillantes de la constelación de la Cruz del Sur, ubicada en el hemisferio sur celeste. Es una de las cuatro estrellas que forman el famoso asterismo de la Cruz del Sur, que es uno de los símbolos más icónicos del cielo nocturno del sur.

Gacrux es una estrella gigante roja de clase M con una temperatura superficial de alrededor de 3.500 Kelvin. Es una estrella variable de tipo LC, lo que significa que su luminosidad varía ligeramente con el tiempo. Su magnitud aparente varía entre 1,59 y 1,66, lo que la hace fácilmente visible a simple vista incluso en zonas urbanas con cielos contaminados.

Con una masa estimada de alrededor de 1,5 veces la masa del Sol y un diámetro de aproximadamente 120 veces el diámetro del Sol, Gacrux es una estrella muy grande. Su luminosidad es unas 1.500 veces mayor que la del Sol, lo que la convierte en una de las estrellas más brillantes del Universo.

Gacrux es relativamente joven, con una edad estimada de alrededor de 25 millones de años. Aunque se encuentra relativamente cerca de la Tierra en términos astronómicos, a una distancia de unos 88 años luz, no se sabe mucho sobre sus sistemas planetarios o exoplanetas. Sin embargo, el descubrimiento de planetas alrededor de otras estrellas de clase M sugiere que Gacrux puede tener al menos un sistema planetario orbitándolo.

Gacrux es una estrella importante para los pueblos indígenas de

Australia, que lo conocen como "Gnokan Danna" o "Guardián de la puerta del cielo". Es una de las estrellas más sagradas del cielo nocturno australiano y juega un papel importante en muchas historias y mitos aborígenes.

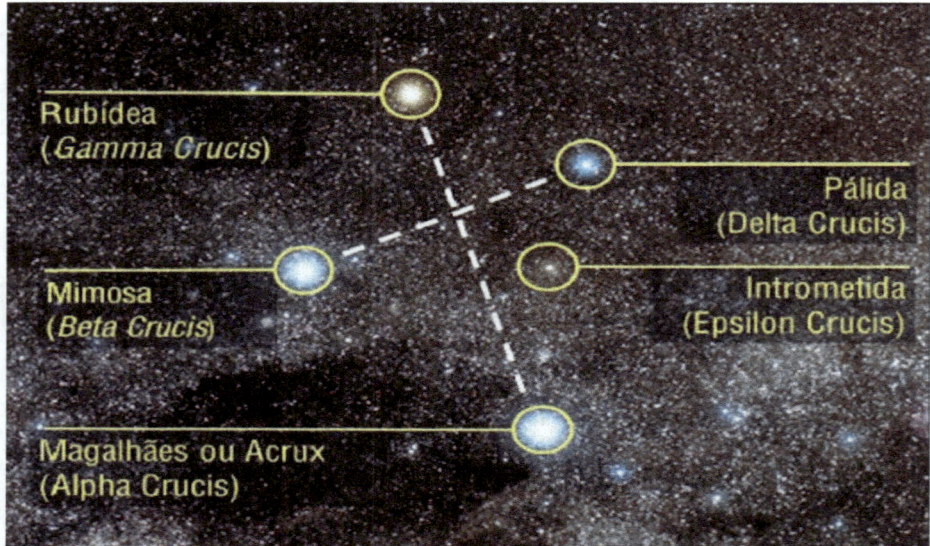

En cuanto a su estructura interna, Gacrux tiene un núcleo que está rodeado por una capa de hidrógeno ionizado, seguido de una capa de helio ionizado y, finalmente, una capa de hidrógeno neutro. La capa exterior de la estrella está compuesta principalmente de gas y polvo, que son expulsados de su superficie durante la evolución estelar.

Gacrux es una estrella de baja masa, lo que significa que su estructura interna es diferente a la de las estrellas más masivas. La energía se genera principalmente por la fusión de hidrógeno en helio en el núcleo de la estrella, y la convección se encarga de transportar esta energía a la superficie. La convección es un proceso en el que el gas caliente sube a la superficie de la estrella, mientras que el gas más frío cae hacia el núcleo.

En resumen, Gacrux es una estrella de clase M con una composición química simple, compuesta principalmente por hidrógeno y helio. Su estructura interna es diferente a la de estrellas más masivas, con energía generada principalmente por la fusión de hidrógeno en helio en el núcleo y transportada a la superficie por convección.

Gacrux orbita alrededor del centro de la Vía Láctea, la galaxia espiral en la que se encuentra nuestro sistema solar. Su órbita está determinada por la gravedad que ejercen otros objetos en la galaxia, incluidas estrellas, nubes de gas y polvo y materia oscura.

Según las observaciones astronómicas, Gacrux tiene una velocidad radial relativa al Sol de unos -19,7 km/s, lo que significa que se está alejando de nosotros a esa velocidad. Su velocidad espacial se estima en unos 22 km/s, lo que indica que se mueve en una órbita excéntrica alrededor del centro de la Vía Láctea.

La posición de Gacrux en el cielo cambia gradualmente con el tiempo, debido a su movimiento alrededor del centro de la galaxia. La trayectoria completa de la estrella alrededor del centro de la Vía Láctea tarda unos 250 millones de años en completarse, lo que se conoce como su período orbital.

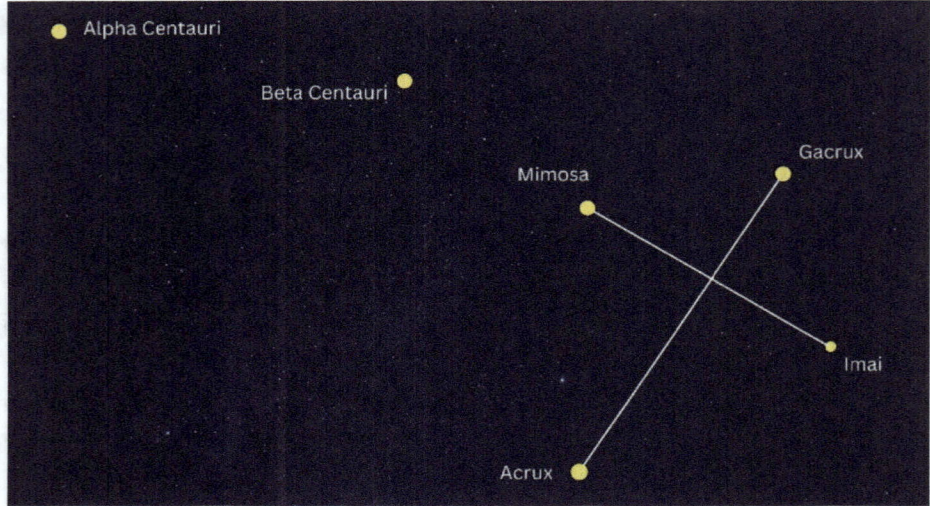

Debido a su relativa proximidad, Gacrux se usa a menudo como referencia para medir distancias a otras estrellas y objetos celestes en la galaxia.

Un dato curioso es el estudio de esta estrella y otras cercanas, que son importantes para entender la formación, evolución y composición de las estrellas de nuestra galaxia.

ETA CARINAE

Eta Carinae es una estrella ubicada en la constelación de Carina o (Quilla), a unos 7.500 años luz de la Tierra. Es una de las estrellas más brillantes del cielo nocturno y ha sido objeto de un intenso estudio por parte de los astrónomos a lo largo de los años.

La estrella Eta Carinae está clasificada como una estrella variable azul luminosa y fue descubierta en 1677 por el astrónomo Edmond Halley. Desde entonces, su luminosidad ha fluctuado y en 1843 experimentó una de las explosiones estelares más grandes jamás registradas, convirtiéndose temporalmente en la segunda estrella más brillante del cielo nocturno.

La explosión estelar de 1843 liberó una enorme cantidad de energía y creó dos enormes nubes de gas, llamadas Homunculus y Weigelt Haze, que se expandieron a velocidades de hasta 1.500 km/s. El Homúnculo es una nebulosa bipolar con forma de reloj de arena que rodea a la estrella, mientras que la Weigelt Haze es una serie de anillos concéntricos que la rodean.

Desde la explosión, Eta Carinae ha disminuido en brillo y tamaño, pero sigue siendo una estrella masiva e inestable. Se estima que tiene una masa de unas 100 veces la del Sol y una luminosidad de más de cinco millones de veces la del Sol. Su temperatura superficial ronda los 25.000 grados centígrados.

Se cree que Eta Carinae se acerca al final de su vida útil y que pronto podría explotar en una supernova. Aunque la estrella se encuentra a una distancia segura de la Tierra, una explosión de esta magnitud podría afectar la atmósfera terrestre y causar daños importantes en los sistemas de comunicación.

Eta Carinae continúa siendo una importante fuente de estudio con técnicas de observación avanzadas como telescopios espaciales e interferometría para estudiar su estructura y comportamiento. Necesitamos más datos para comprender esta estrella, que continúa desafiando la comprensión de los científicos sobre la naturaleza del universo.

Créditos de imagen: NASA

La composición química de esta estrella es compleja y los científicos aún no la comprenden por completo. Sin embargo, estudios espectroscópicos sugieren que Eta Carinae es una estrella rica en elementos pesados como carbono, nitrógeno, oxígeno y hierro, lo que indica que ya ha pasado por varias etapas de fusión nuclear en su núcleo.

Además, se sabe que la estrella tiene una alta proporción de helio en su atmósfera, lo que sugiere que es una estrella joven que aún no ha tenido tiempo de convertir todo el helio en elementos más pesados mediante procesos de fusión nuclear. Esta alta proporción de helio también podría ser una señal de que Eta Carinae es una estrella que se formó a partir de un gas primordial con bajo contenido de metales.

Otros elementos detectados en la atmósfera de Eta Carinae incluyen silicio, magnesio, azufre y argón. Sin embargo, la abundancia relativa de estos elementos aún no se conoce por completo.

Créditos de imagen: NASA

Eta Carinae no tiene una órbita en el sentido tradicional de la palabra, ya que es una estrella individual y no en un sistema binario o múltiple. Sin embargo, se sabe que la estrella exhibe variaciones en su luminosidad y otras propiedades, lo que puede explicarse por los ciclos de actividad estelar, incluidas las oscilaciones en su estructura interna y las erupciones periódicas.

Además, la estrella se encuentra en el borde interior de una gran región de formación estelar llamada Nebulosa Carina, que contiene varias estrellas jóvenes y masivas. La interacción gravitacional entre estas estrellas puede desempeñar un papel importante en la evolución de Eta Carinae y su actividad estelar.

Aunque no tiene una órbita definida, la posición de Eta Carinae en el cielo se conoce con precisión y se utiliza a menudo como punto de referencia para la navegación astronómica. La estrella se encuentra en la constelación de Carina y se puede ver a simple vista en buenas condiciones de observación.

Sin embargo, estudios más recientes afirman queser unsistema estelar binariomuy cerca uno del otro. la estrella menordiámetroes el más caliente (30.000 °C) y el otro con tres veces ladiámetroes más frío (15.000 °C) pero el doble de brillante. Éstesistema estrellaestá envuelto en una densanubeengasesEspolvo, que forma una nebulosa 400 veces más grande que laSistema solar, conocido como elNebulosa Eta Carinae(o NGC3372). La pérdida de luminosidad posiblemente se deba a una consecuencia del mayor acercamiento entre las dos estrellas, laperiastromo, momento en el que la estrella más pequeña cubre casi la mitad de la más grande. La disminución del brillo es equivalente a 20 veces la deSol, pero brillando como 4 a 5 millones de soles. El período de rotación de las estrellas (entre sí) es de 5,5 años.

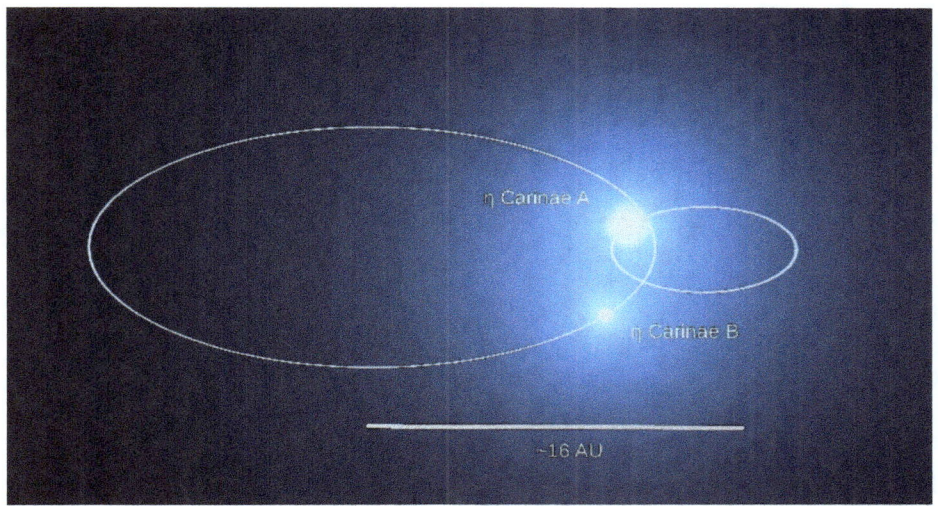

El astrónomo brasileño Augusto Damineli, profesor del IAG-USP, es uno de los que afirman que la estrella es una variable porque cada cinco años y medio, según él, hay una reducción de su brillo, ya que otros astrónomos no lo aceptaban. esta teoría, en el Sin embargo, en 1997, hubo una mayor reducción en el brillo, el fenómeno fue confirmado. En 2003, gracias a los registros de más de 50 especialistas respaldados por observaciones a través de telescopios terrestres y en órbita, finalmente se confirmó que efectivamente se trataba de otra estrella variable del tipo SDOR - Estrellas de alta luminosidad binaria, con variaciones entre 1 a 7 magnitudes , asociado y envuelto en material en expansión típico de las nebulosas.

Las estrellas muy grandes como Eta Carinae se quedan sin combustible muy rápidamente debido a su luminosidad desproporcionadamente alta. Se espera que Eta Carinae explote como supernova o hipernova en los próximos millones de años.

Y finalmente, ylos estudios sugieren que Eta Carinae gira muy lentamente, con un período de rotación estimado de unos 5,5 años. Sin embargo, esta estimación se basa en mediciones indirectas y puede estar sujeta a incertidumbres significativas.

Además, al ser una estrella variable e inestable, se hace difícil calcular su rotación con precisión.

BETELGEUSE – APHA ORIONIS

E s una de las estrellas más famosas y fácilmente reconocibles del cielo nocturno. Ubicada en la constelación de Orión, es la segunda estrella más brillante de esa constelación, solo superada por Rigel. Sin embargo, es una de las estrellas más brillantes del cielo nocturno y es unas 100.000 veces más luminosa que el Sol.

Una de las características más notables de Betelgeuse es su tamaño. Se estima que tiene un diámetro unas 1000 veces mayor que el del Sol, lo que la convierte en una de las estrellas más grandes conocidas. Si se colocara en el centro de nuestro sistema solar, su atmósfera se extendería más allá de la órbita de Júpiter.

Otra característica que la hace interesante es que es una estrella variable, lo que quiere decir que su luminosidad cambia con el tiempo, debido a su magnitud, estos cambios se pueden detectar fácilmente a simple vista. En promedio, la estrella tarda unos 420 días en completar un ciclo completo de brillo. La variación de brillo es provocada por la pulsación de la estrella, lo que provoca cambios en su temperatura y luminosidad.

Recientemente ha llamado la atención de los medios debido a la especulación sobre su posible explosión en una supernova. Betelgeuse está al final de su vida y se espera que eventualmente explote en una supernova. Sin embargo, no hay certeza de cuándo ocurrirá esto. Algunos estudios han sugerido que la estrella podría explotar en cualquier momento, mientras que otros afirman que aún tiene miles de años antes de que explote.

Independientemente de cuándo explote la estrella, su muerte será un evento significativo para la astronomía. La explosión será visible desde la Tierra y se podrá ver incluso durante el día, dependiendo de cómo se disperse la luz a través de la atmósfera. Además, la supernova producirá una cantidad increíble de energía y materia, que podrá ser estudiada por los astrónomos durante muchos años.

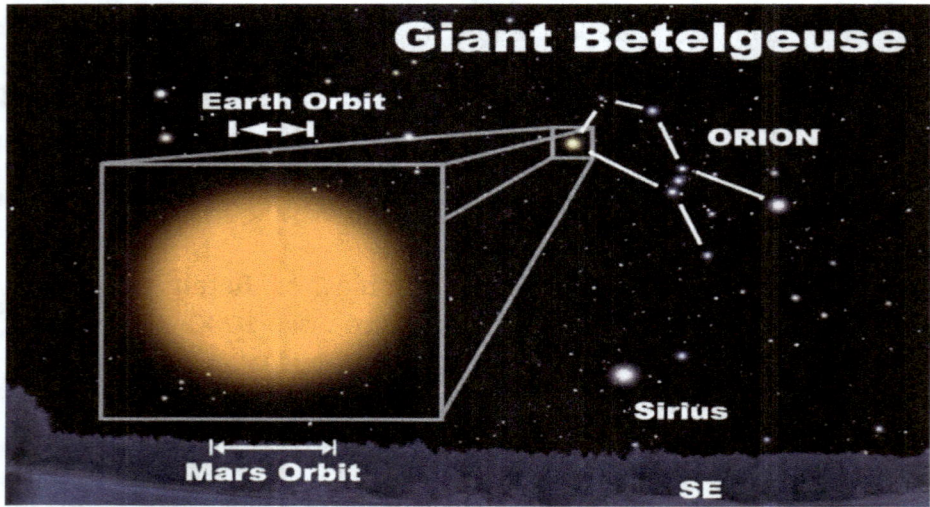

Betelgeuse es una estrella muy grande, luminosa y fría clasificada como una supergigante roja de tipo espectral M1-2 Ia-ab. La letra "M" indica que se trata de una estrella roja perteneciente a la clase espectral M, por lo que tiene una temperatura superficial baja; el sufijo "Ia-ab" es la clase de luminosidad de la estrella e indica que es intermedia entre una supergigante de luminosidad normal y una supergigante de alta luminosidad. La característica principal del espectro visual de estrellas de este tipo es la presencia de bandas de absorción de óxido de titanio (II) (TiO) en la región verde del espectro, que indican baja temperatura superficial. La baja intensidad de la línea de calcio neutro en 4227 Å es el principal indicador de alta luminosidad. Desde la introducción del sistema de calificación MKK en 1943,

Las supergigantes rojas como Betelgeuse son estrellas masivas que ya han salido de la secuencia principal y se encuentran en las últimas etapas de su evolución. Estas estrellas consumen su combustible rápidamente y viven solo unos pocos millones de años. Originalmente una estrella de clase O de secuencia principal, Betelgeuse ya ha consumido todo el hidrógeno en su núcleo, lo que hace que el núcleo se contraiga bajo la fuerza de la gravedad. Para equilibrar el núcleo más caliente y denso, las capas exteriores se expandieron y enfriaron. Si bien se desconoce su estado evolutivo exacto, lo más probable es que Betelgeuse esté fusionando helio para generar carbono y oxígeno en el núcleo, con una capa de fusión de hidrógeno que rodea el núcleo.

Representación artística de la estrella y sunebulosa

Los elementos más abundantes en la atmósfera de Betelgeuse son el hidrógeno y el helio, que constituyen aproximadamente el 85 % y el 13 % de la composición química, respectivamente. Los demás elementos presentes son principalmente carbono, oxígeno, nitrógeno, silicio, azufre, hierro y titanio, entre otros.

Se cree que la estrella evolucionó a partir de una estrella muy masiva, que produjo muchos elementos más pesados a través de reacciones nucleares en su núcleo. Estos elementos más pesados fueron luego transportados a la superficie de la estrella a través de procesos convectivos en su atmósfera.

En lo que respecta a la órbita, Betelgeuse no orbita ningún objeto específico. En cambio, es una estrella solitaria que se mueve a través de la Vía Láctea junto con otras estrellas. Se mueve en una trayectoria relativamente aleatoria, afectada principalmente por interacciones gravitatorias con otras estrellas y objetos masivos en la galaxia.

En cuanto a la rotación, Betelgeuse tiene una rotación relativamente lenta, con un período de rotación de unos 8,4 años. Eso es sorprendentemente lento para una estrella de su masa y tamaño, que se estima en unas 20 veces la masa del Sol y unas 1000 veces el tamaño del Sol. Se cree que la lenta rotación de Betelgeuse se debe a las interacciones entre la rotación y las capas externas de la estrella, que son altamente convectivas.

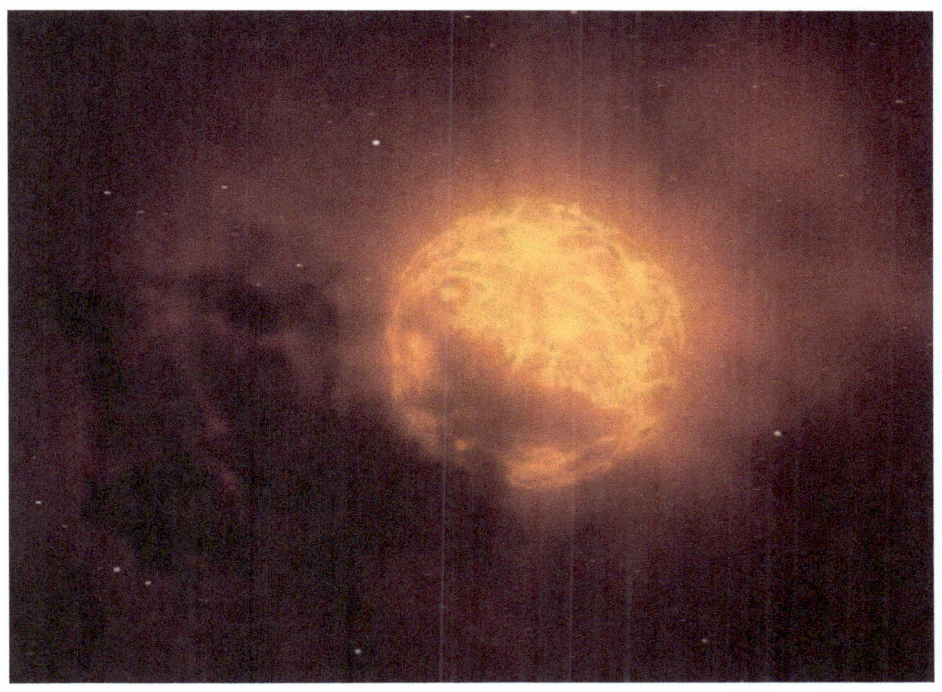

ANTARÉS

A ntares es una estrella supergigante roja ubicada en la constelación de Escorpio. Con un diámetro estimado en unas 700 veces el del Sol, Antares es una de las estrellas más grandes conocidas. Su distancia a la Tierra es de aproximadamente 550 años luz, lo que la convierte en una de las estrellas más brillantes del cielo nocturno.

El nombre "Antares" proviene del griego ant-Ares, que significa "el rival de Marte". Esto se debe a que la estrella tiene un tono rojizo similar al del planeta rojo.

Antares es una estrella muy caliente, con una temperatura superficial de alrededor de 3.500 grados centígrados, pero su color rojo es el resultado de su gran tamaño y la emisión de luz en longitudes de onda más largas.

Además de su impresionante apariencia, Antares también es una estrella bastante compleja. Se sabe que tiene un sistema estelar binario, lo que significa que hay otra estrella orbitando cerca de ella, la estrella compañera de Antares es mucho más pequeña y fría de lo que es, y tarda unos 900 años en completar una órbita alrededor de la estrella principal.

Es una estrella evolucionada, con una edad estimada de unos 12 millones de años, ya ha pasado por la fase en la que produce energía a través de la fusión nuclear del hidrógeno en helio, y ahora está en la fase en la que está convirtiendo el helio en carbono y oxígeno en su núcleo. Esta evolución eventualmente conducirá a la muerte de la estrella, pero dado que Antares es mucho más grande que el Sol, su muerte será mucho más dramática.

Al final de su vida, Antares explotará en una supernova, una explosión extremadamente poderosa que liberará una enorme cantidad de energía y materia al espacio. Esto puede crear un fenómeno conocido como nebulosa planetaria, que es una nube de gas y polvo iluminada por la radiación de la estrella moribunda. A pesar de no estar lo suficientemente cerca como para representar una amenaza directa para la Tierra, la explosión de Antares sería sin duda un espectáculo impresionante para los observadores astronómicos.

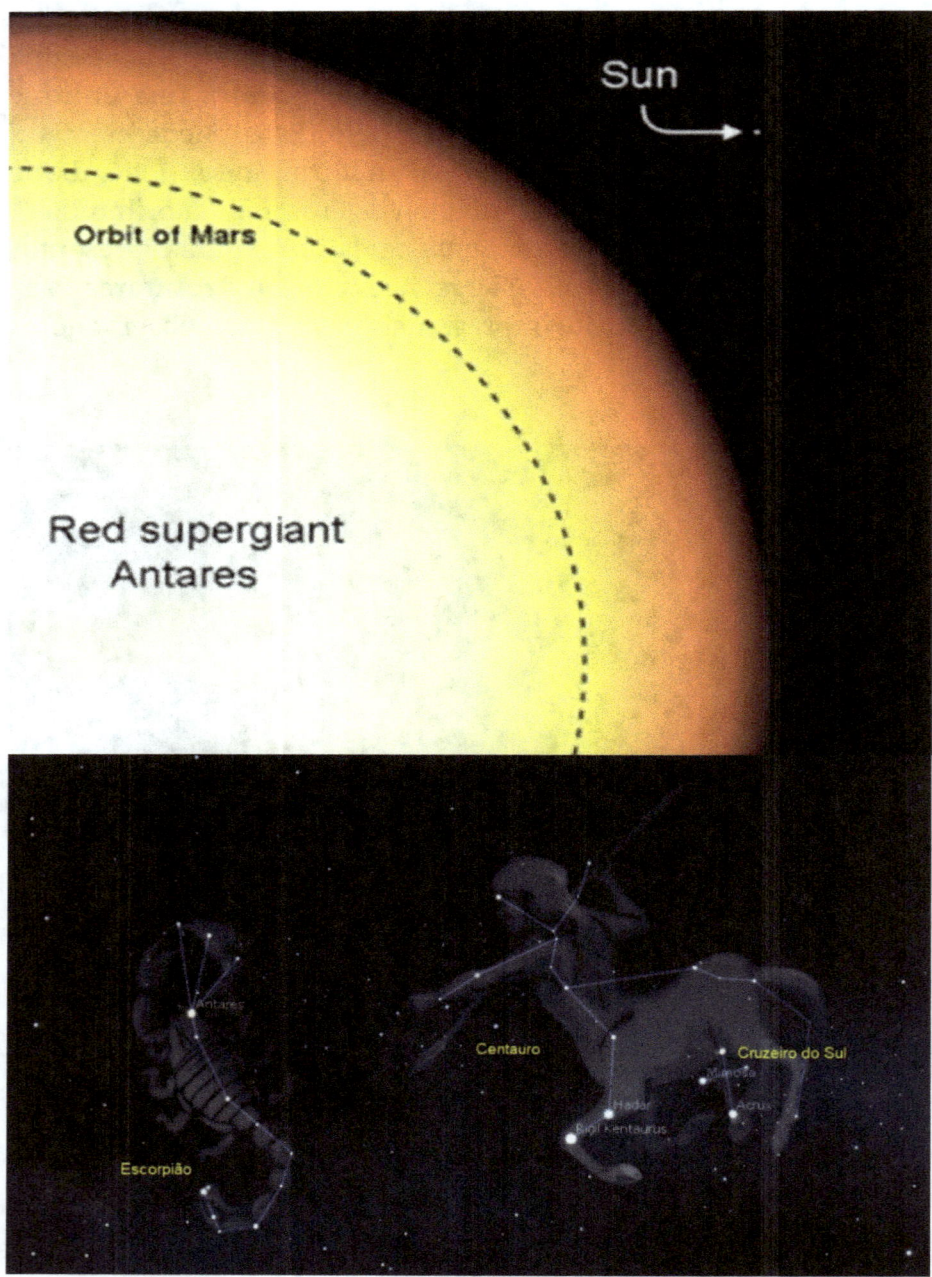

La composición química de Antares es bastante similar a la de otras estrellas supergigantes, está compuesta principalmente por hidrógeno y helio, con trazas de elementos más pesados.

La estrella produce energía a través de la fusión nuclear, que ocurre en el núcleo de la estrella, durante la fusión nuclear, los núcleos de los átomos se fusionan para formar nuevos núcleos, liberando una gran cantidad de energía en el proceso. La fusión nuclear de hidrógeno en helio es la principal fuente de energía de las estrellas, incluida Antares.

Además de hidrógeno y helio, Antares contiene trazas de otros elementos químicos como carbono, oxígeno, nitrógeno y hierro. Estos elementos se forman en reacciones nucleares que ocurren dentro de la estrella a medida que evoluciona.

La cantidad de elementos más pesados en Antares es relativamente pequeña en comparación con la cantidad de hidrógeno y helio. Eso se debe a que las estrellas supergigantes como Antares son muy jóvenes en términos cósmicos y aún no han tenido tiempo suficiente para producir grandes cantidades de elementos más pesados a través de reacciones nucleares.

Sin embargo, incluso pequeñas cantidades de elementos más pesados en estrellas como Antares son importantes para la formación de planetas y la vida misma. La mayoría de los elementos químicos que se encuentran en la Tierra, incluidos el carbono, el oxígeno y el hierro, se formaron en estrellas que existieron antes de nuestro Sol. Cuando estas estrellas explotaron en supernovas, liberaron estos elementos al espacio, que posteriormente se agruparon para formar nuevas estrellas y planetas.

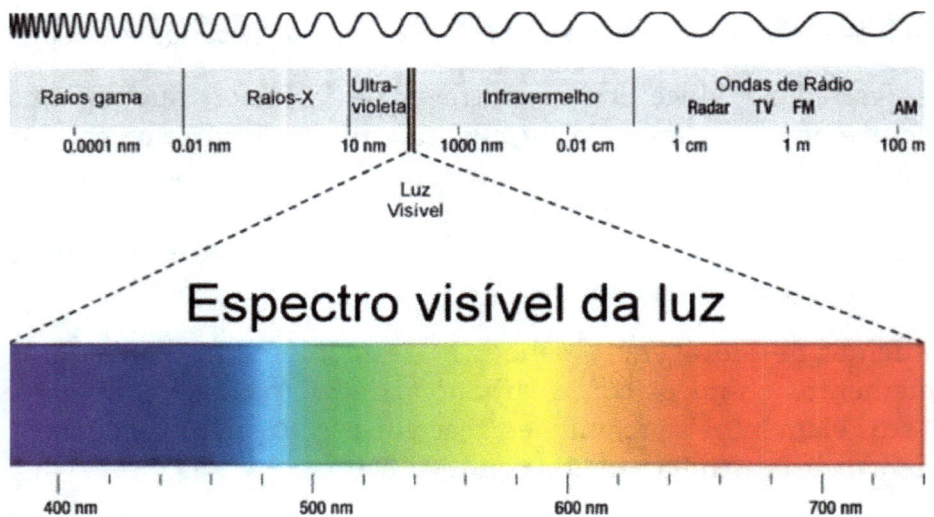

MU CEFEI

La estrella Mu Cephei, también conocida como la estrella gigante roja o simplemente "Mu Cep", es una de las estrellas más brillantes conocidas en la Vía Láctea. Situada en la constelación de Cefeo, a unos 2.300 años luz de la Tierra, es una de las estrellas más masivas y luminosas que se conocen, con una magnitud aparente de unos 4,08.

Mu Cephei es una estrella de clase M, lo que significa que es una estrella gigante roja con una temperatura superficial relativamente baja y una luminosidad muy alta. También es una variable semiirregular, lo que significa que su luminosidad varía con el tiempo, aunque de forma impredecible. Su magnitud varía entre 3,4 y 5,1, con un período medio de unos 730 días.

La estrella Mu Cephei tiene una masa estimada de unas 20 veces la del Sol y un radio de unas 1.500 veces el del Sol, lo que la convierte en una de las estrellas más grandes conocidas. La temperatura de su superficie es relativamente baja, alrededor de los 3.500 grados centígrados, lo que lo hace de color rojo. La estrella tiene una luminosidad unas 300.000 veces mayor que la del Sol, lo que la convierte en una de las estrellas más brillantes conocidas.

Mu Cephei es una estrella muy joven, con una edad estimada de alrededor de 10 millones de años, que es muy joven en comparación con el Sol, que tiene una edad de alrededor de 4.600 millones de años. La estrella tiene una gran cantidad de material circunestelar, lo que indica que se encuentra en una fase evolutiva activa. Se cree que la estrella eventualmente se convertirá en una estrella nebulosa planetaria, arrojando sus capas exteriores en una nube de gas y polvo.

Su gran masa y luminosidad lo convierten en un ejemplo importante para comprender la evolución estelar en estrellas extremadamente masivas. Además, la estrella es una importante fuente de radiación infrarroja y se utiliza para estudiar la formación de polvo alrededor de estrellas gigantes rojas.

La composición química de la estrella Mu Cephei está bien estudiada por astrónomos y astrofísicos de todo el mundo, y se sabe que es muy diferente de la composición química del Sol.

Los análisis espectroscópicos indican que la estrella tiene una abundancia muy baja de elementos más pesados que el helio, conocidos como "metales" en astronomía. La proporción de hierro a hidrógeno, por ejemplo, es solo alrededor del 0,06% de la proporción solar. Esto sugiere que la estrella Mu Cephei es una estrella de segunda población, que se formó a partir de gas muy antiguo y pobre en metales.

Esta estrella tiene un exceso de carbono sobre oxígeno, lo que sugiere que la estrella experimentó una profunda mezcla convectiva en algún momento de su evolución. Este proceso puede haber ocurrido cuando la estrella fusionó helio en carbono y oxígeno en su núcleo y luego transportó estos elementos a las capas superficiales de la estrella.

Otros elementos químicos detectados en la estrella incluyen hidrógeno, helio, litio, carbono, oxígeno, nitrógeno, sodio, magnesio, aluminio, silicio, azufre, calcio, titanio y hierro. La composición química de la estrella Mu Cephei es importante para comprender la evolución estelar en estrellas de segunda población y para compararla con la composición química de otras estrellas de la Vía Láctea.

La órbita de la estrella Mu Cephei no se conoce bien, ya que es una estrella solitaria y no tiene compañera estelar conocida. Sin embargo, los estudios pueden estimar la velocidad radial de la estrella, que es la velocidad a la que se aleja o se acerca a la Tierra, según el desplazamiento Doppler de las líneas espectrales en su espectro. Esto puede proporcionar información sobre la velocidad orbital promedio de la estrella en relación con el centro de la Vía Láctea.

La velocidad radial de la estrella Mu Cephei es relativamente baja, unos 14,5 km/s en relación con el Sol. Esto sugiere que la estrella está orbitando el centro de la Vía Láctea en una órbita relativamente circular, ya que las estrellas con órbitas más elípticas generalmente tienen velocidades radiales más variables.

En cuanto a la rotación de la estrella Mu Cephei, los astrónomos creen que la estrella probablemente tenga una rotación muy lenta, ya que las estrellas gigantes rojas suelen tener rotaciones muy lentas debido a la expansión de sus capas exteriores. La rotación de la estrella se puede estimar a partir del ancho de las líneas espectrales en su espectro, que son más anchas en las estrellas que giran más rápidamente. Sin embargo, estas líneas espectrales en las estrellas gigantes rojas suelen ser muy anchas debido a la baja temperatura de la superficie de la estrella, lo que dificulta medir con precisión la rotación de la estrella.

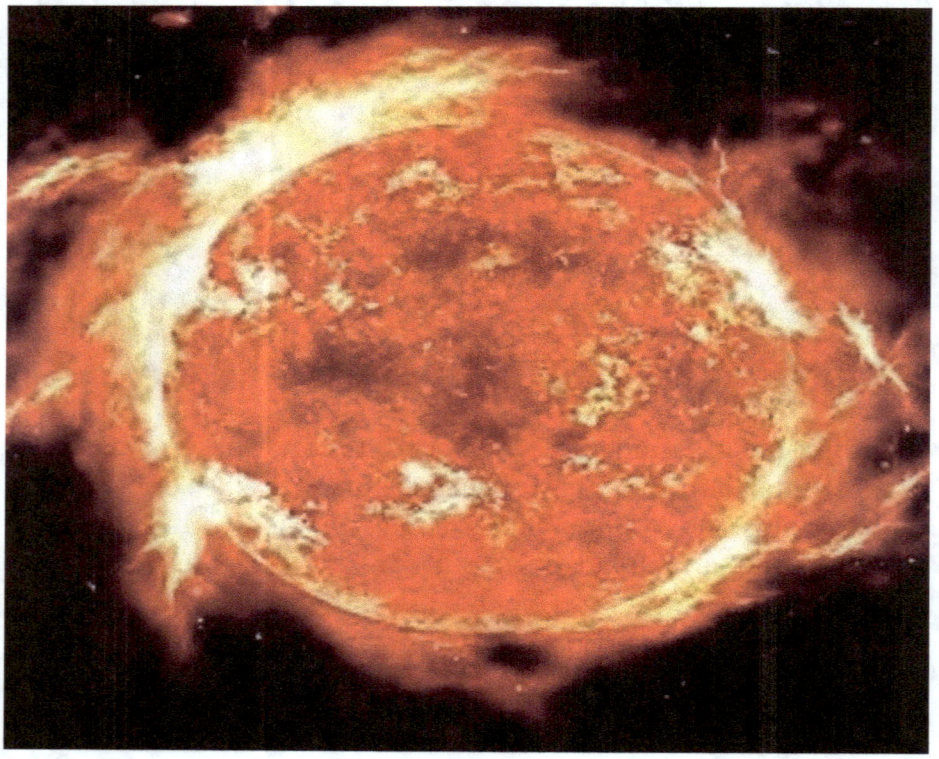

VY CANIS MAJORIS

La estrella VY Canis Majoris es una de las estrellas más fascinantes y enigmáticas jamás descubiertas. Situada en la constelación de Canis Major, a unos 1,2 KPC (Kiloparsecs) de la Tierra, esta estrella es una de las más grandes y luminosas conocidas por el hombre. En este capítulo, exploraremos las características, la historia del descubrimiento y los misterios que rodean a VY Canis Majoris.

Descubrimiento y características de VY Canis Majoris;

VY Canis Majoris fue descubierto en 1801 por Jérôme Lalande, un astrónomo francés, mientras realizaba un estudio de estrellas. En ese momento, Lalande catalogó a la estrella como la vigésima segunda más brillante de la constelación del Can Mayor.

Hoy sabemos que VY Canis Majoris es una estrella variable roja supergigante que está entrando en una fase avanzada de su evolución estelar. Está clasificada como una estrella de tipo espectral M y tiene una masa estimada de unas 20 veces la del Sol.

El diámetro de VY Canis Majoris es enorme, unas 2.000 veces mayor que el del Sol. Si estuviera en el centro de nuestro sistema solar, su radio se extendería hasta la órbita de Júpiter. Su volumen es igual a unos 5 mil millones de veces el volumen del Sol. Para tener una idea de la magnitud de esta estrella, si se colocara VY Canis Majoris en nuestro sistema solar, la distancia entre esta y la Tierra sería solo la mitad de la distancia entre el Sol y Plutón.

VY Canis Majoris es también una de las estrellas más luminosas del universo conocido y emite una energía luminosa unas 500.000

veces mayor que la del Sol. Sin embargo, esta enorme luminosidad se emite principalmente en el infrarrojo, lo que significa que la estrella es menos brillante en el espectro visible.

Misterios y curiosidades sobre VY Canis Majoris

VY Canis Majoris es una estrella tan grande y compleja que los científicos aún no entienden completamente cómo funciona. Una de las grandes preguntas es cómo una estrella tan grande logra mantenerse estable, ya que la atracción gravitacional de la estrella debería ser tan fuerte que colapsaría sobre sí misma. Además, la estrella está emitiendo una enorme cantidad de material, incluido polvo y gas, lo que plantea dudas sobre cómo es posible esto en una estrella tan masiva.

Otra curiosidad de VY Canis Majoris es que es una estrella variable, lo que significa que su luminosidad cambia con el tiempo, en algunas ocasiones la estrella se ha vuelto más brillante que cualquier otra estrella conocida, mientras que en otras se ha atenuado haciéndola casi invisible. .

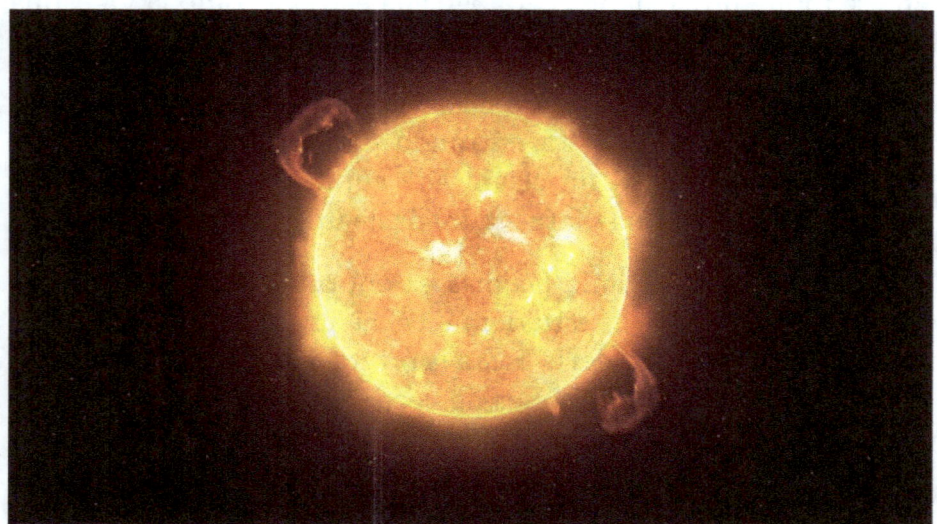

Otra curiosidad interesante de VY Canis Majoris es que emite una gran cantidad de material, entre polvo y gas, que se esparce por el espacio que lo rodea. Los astrónomos creen que este material es el resultado de una intensa actividad estelar en la superficie de la estrella y que está pasando por una fase de intensa pérdida de masa.

La órbita de VY Canis Majoris es algo difícil de definir, ya que la estrella es solitaria y no tiene una compañera estelar cercana. Sin embargo, los científicos pudieron determinar que se desplaza hacia el centro de la Vía Láctea, nuestra galaxia, a una velocidad de unos 22 km/s. Además, se considera una estrella de alta velocidad, lo que significa que se mueve en relación con nuestro Sistema Solar a una velocidad mucho mayor que el promedio de las estrellas de la galaxia.

En cuanto a la rotación de VY Canis Majoris, es importante tener en cuenta que las estrellas supergigantes rojas giran muy lentamente en relación con las estrellas más pequeñas y jóvenes. Esto se debe a que estas estrellas tienen una atmósfera muy expandida, lo que significa que la superficie de la estrella está muy lejos del núcleo, donde tiene lugar la rotación. Además, la rotación de una estrella tan masiva sería muy difícil de medir con precisión utilizando las técnicas de observación actuales.

Sin embargo, algunos estudios han indicado que puede estar girando lentamente alrededor de su eje. Un estudio de 2015, por ejemplo, sugirió que la estrella podría estar girando a una velocidad de solo 1 km/s, que es extremadamente lenta en comparación con la velocidad de rotación del Sol, que es de alrededor de 2 km/s.

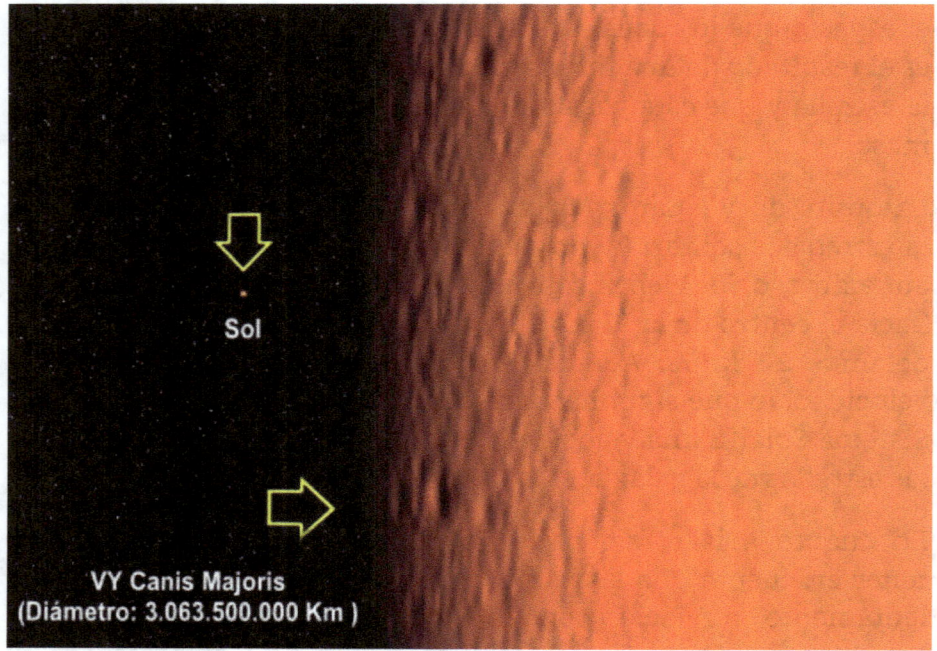

Sol

VY Canis Majoris
(Diámetro: 3.063.500.000 Km)

La composición química de VY Canis Majoris es similar a la de otras estrellas supergigantes rojas, con una mezcla de elementos ligeros como el hidrógeno y el helio y elementos más pesados como el carbono, el oxígeno y el hierro. Sin embargo, debido a su tamaño, la estrella también contiene elementos que son relativamente raros en otras estrellas, como el tecnecio y el litio.

Además, se sabe que VY Canis Majoris es una estrella variable, lo que significa que su luminosidad y temperatura superficial fluctúan con el tiempo. Esto puede afectar la composición química de la estrella, ya que las reacciones nucleares que tienen lugar en su núcleo pueden ser diferentes en diferentes momentos. De hecho, algunos estudios sugieren que VY Canis Majoris puede estar experimentando un proceso de fusión de elementos más pesados en su núcleo, lo que podría conducir a una producción significativa de elementos aún más pesados.

En cuanto a la física de VY Canis Majoris, es una estrella muy grande, con un radio estimado de alrededor de 1.800 veces el radio del Sol, debido a esta magnitud, la estrella tiene una gravedad superficial muy baja, lo que permite que su atmósfera se expanda. mucho más allá del núcleo de la estrella. Esta atmósfera expandida es responsable de muchas de las características observadas de la estrella, como su baja temperatura superficial y su alto nivel de luminosidad.

RW CEFEI

La estrella RW Cephei, también conocida como V712 Cephei, es una estrella variable ubicada en la constelación de Cefeo. Es una de las estrellas más luminosas que se conocen en la Vía Láctea, con una magnitud aparente que oscila entre 5,7 y 11,5. La estrella está clasificada como supergigante roja y pertenece a la clase espectral M3-M5.

La primera mención de RW Cephei fue realizada en 1895 por el astrónomo estadounidense Edward Pickering, quien la incluyó en una lista de estrellas variables. Desde entonces, la estrella ha sido ampliamente estudiada y monitoreada por astrofísicos y astrónomos de todo el mundo.

La característica principal que hace que RW Cephei sea tan interesante es su variabilidad. Su magnitud aparente varía irregularmente en períodos que pueden durar desde unos pocos días hasta algunas décadas. Los ciclos de variación a corto plazo (que duran desde algunos días hasta algunas semanas) son causados por pulsos de expansión y contracción de la estrella, mientras que los ciclos a largo plazo (que duran décadas) pueden ser causados por cambios en la estructura interna de la estrella o por la influencia de una estrella compañera.

Además de la variabilidad, otras características interesantes de RW Cephei incluyen su masa, radio y temperatura. Estimaciones recientes sugieren que la masa de la estrella es unas 25 veces la del Sol, mientras que su radio es unas 1.200 veces el del Sol. Esto significa que si la estrella se colocara en el lugar del Sol, se extendería más allá de la órbita de Júpiter, su temperatura es relativamente baja para una estrella tan masiva, con una temperatura efectiva de alrededor de 3.500 K.

También se sabe que la estrella es una fuente de emisión de radio. Las emisiones de radio son causadas por electrones acelerados en campos magnéticos en la atmósfera de la estrella. Estudios recientes sugieren que RW Cephei puede estar generando una fuente de emisión de rayos X, posiblemente debido a la interacción con una estrella compañera.

En términos de evolución estelar, RW Cephei se acerca al final de su vida. Se sabe que las supergigantes rojas experimentan explosiones termonucleares, lo que puede provocar la expulsión de su atmósfera exterior y la formación de nebulosas planetarias. Sin embargo, RW Cephei aún no ha mostrado signos inminentes de una explosión termonuclear.

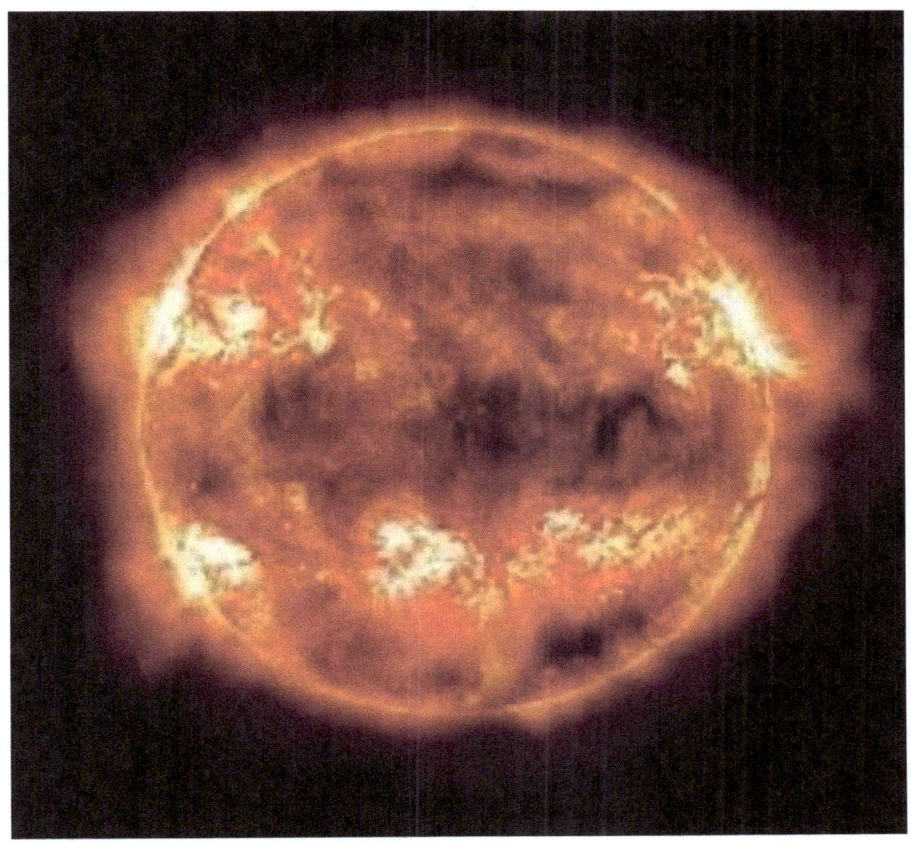

RW Cephei se encuentra a una distancia de aproximadamente 4 KPC (Kiloparcescs) de la Tierra. Esta distancia es muy grande y dificulta la observación directa de la estrella, pero los astrónomos pueden estudiarla con la ayuda de telescopios e instrumentos sensibles, como los telescopios espaciales. Esta distancia a la Tierra es una de las razones por las que queda mucho por descubrir sobre esta estrella y otras supergigantes rojas. La astronomía continúa desarrollando nuevas tecnologías y técnicas para superar los desafíos de la distancia y obtener más información sobre estas fascinantes y complejas estrellas.

En términos de composición química, RW Cephei es una estrella extremadamente rica en elementos pesados como el carbono, el oxígeno y los metales. Estos elementos se producen en el interior de la estrella a través de reacciones nucleares que se producen a altas temperaturas y presiones.

También se sabe que tiene una gran cantidad de polvo en su atmósfera, este polvo está formado por granos microscópicos de material sólido, como silicatos y grafito, que se forman en las capas más externas de la estrella. La presencia de polvo puede afectar la forma en que la estrella emite luz y puede provocar variaciones en su luminosidad con el tiempo.

Además, RW Cephei es una estrella conocida por sus fuertes vientos estelares, estos vientos están formados por partículas cargadas que son lanzadas a altas velocidades desde la superficie de la estrella. Los vientos estelares son los encargados de transportar material desde la estrella hasta el medio interestelar, contribuyendo a la formación de nuevas estrellas y planetas.

Debido a que es una estrella supergigante roja solitaria, significa que no orbita alrededor de ninguna otra estrella. Se encuentra en la Vía Láctea y se mueve en una trayectoria alrededor del centro galáctico junto con otras estrellas.

La velocidad orbital de RW Cephei está influenciada por la distribución de la masa en la galaxia, incluida la masa de la materia oscura, que los astrónomos aún desconocen.

En cuanto a la rotación, se sabe que las supergigantes rojas tienen una tasa de rotación baja, esto se debe a que estas estrellas tienen una atmósfera muy espesa y expandida, lo que provoca que la rotación de la estrella se ralentice debido a la fricción entre las capas externas de la estrella y el medio interestelar. . Además, la presencia de campos magnéticos intensos puede afectar aún más la rotación de la estrella.

La rotación de las estrellas es un parámetro importante para comprender cómo evolucionan con el tiempo, y la baja tasa de rotación de RW Cephei es un factor importante a considerar en los estudios de su evolución y comportamiento. Se pueden usar observaciones precisas de la velocidad radial de la estrella para estimar su tasa de rotación, pero esto puede ser difícil debido a las complejidades de la espesa atmósfera de la estrella y las limitaciones de las técnicas de observación actualmente disponibles.

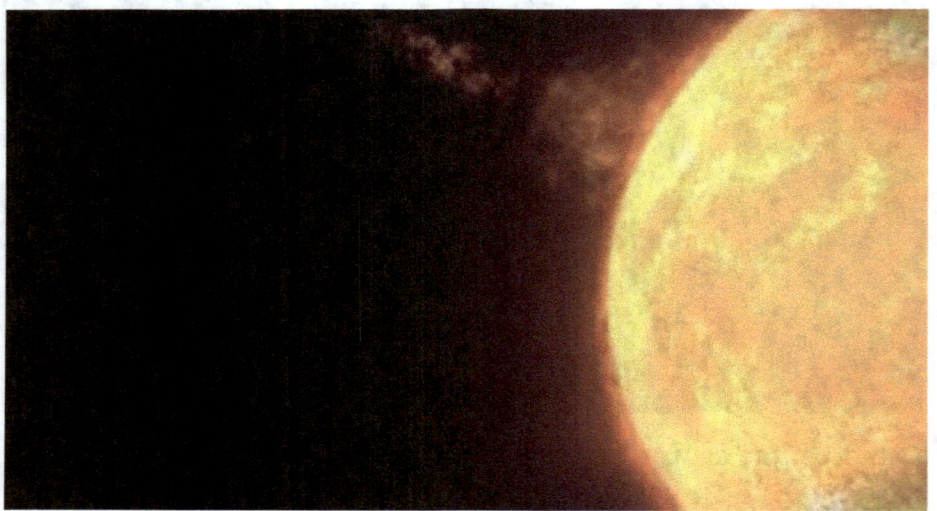

ESTRELLA POLAR

La Estrella Polar, también conocida como Estrella del Norte o Polaris, es una estrella visible desde el hemisferio norte de la Tierra que juega un papel clave en la navegación y orientación astronómica. En este capítulo, discutiremos la Estrella Polar en detalle, incluida su ubicación, historia, características físicas y significado cultural.

La Estrella Polar es una estrella de clase F7 ubicada en la constelación de la Osa Menor. Es visible desde cualquier punto al norte del ecuador y, como tal, es una importante estrella de referencia para navegantes y astrónomos por igual. La posición de la Estrella Polar es bastante estable, lo que la convierte en una herramienta fiable para determinar la dirección del norte. Sin embargo, la Estrella Polar no es la estrella más brillante del cielo nocturno, pero es relativamente fácil de identificar ya que es la estrella más cercana al punto donde se encuentran todas las líneas de longitud.

La historia de la Estrella Polar se remonta a miles de años. En la antigua Grecia, la estrella era conocida como "Phoenice", que significa "fénix", y era vista como un símbolo de renovación y resurrección. En la mitología nórdica, la estrella polar se asociaba con una diosa llamada Frigg, que era vista como la guardiana del cielo y las estrellas. En la cultura china, la Estrella Polar era conocida como "Zhen", que significa "norte verdadero", y era vista como un símbolo de guía y estabilidad.

Las características físicas de North Star también son bastante interesantes. Es una estrella de color amarillo-blanco, con una magnitud aparente de alrededor de +2,0. En términos de tamaño, es unas 6 veces más grande que el Sol y tiene una temperatura superficial de alrededor de 6.000 grados centígrados. Estrella Polar es también una estrella doble, formada por dos estrellas más pequeñas que orbitan una alrededor de la otra.

La Estrella Polar se ha utilizado para la navegación astronómica durante siglos. A lo largo de la historia, la gente ha utilizado la estrella para determinar la dirección del norte, ayudando a la navegación terrestre y marítima. Con la invención del astrolabio y el sextante, la estrella polar se volvió aún más útil para la navegación.

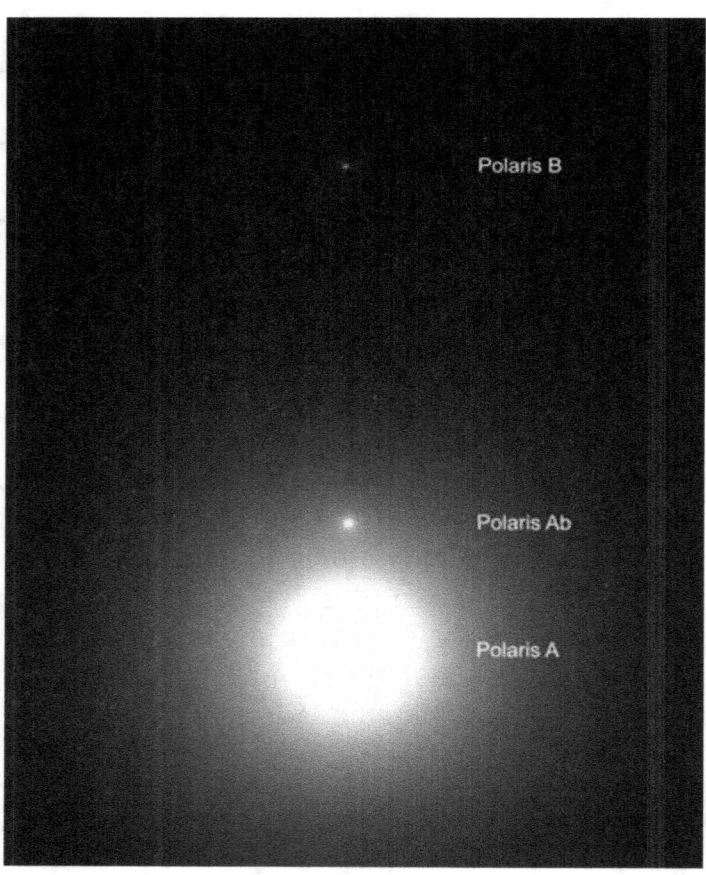

Las estrellas como Polar se forman a partir de nubes de gas y polvo interestelar que colapsan bajo su propia gravedad. Cuando el núcleo de esta nube se vuelve lo suficientemente denso y caliente, comienza a fusionar hidrógeno en helio, iniciando el proceso de fusión nuclear. Durante este proceso, se libera energía y tienen lugar una serie de reacciones nucleares, creando elementos químicos más pesados.

La composición química de la Estrella Polar está determinada por el análisis espectral de la luz que emite. Esta técnica consiste en dispersar la luz de la estrella en un espectro de colores, que se puede utilizar para determinar qué elementos químicos están presentes en la estrella y en qué cantidad. Los elementos químicos que componen North Star incluyen hidrógeno, helio, carbono, nitrógeno, oxígeno, neón, magnesio, silicio, azufre, hierro, níquel y otros elementos más pesados.

El hidrógeno es el elemento más abundante en North Star, con alrededor del 71% de su masa total. El helio es el segundo elemento más abundante, con cerca del 27% de su masa total, los demás elementos químicos están presentes en cantidades mucho menores, con menos del 1% de su masa total.

La composición química de la Estrella Polar es importante porque nos ayuda a comprender cómo evolucionan las estrellas. A medida que una estrella envejece y agota su combustible nuclear, comienza a fusionar elementos más pesados, creando nuevos elementos químicos en el proceso.

Estos elementos luego se liberan al espacio cuando la estrella explota como una supernova, enriqueciendo el medio interestelar con nuevos elementos químicos. Analizar la composición química de estrellas como la Estrella Polar nos ayuda a comprender mejor cómo se crean y distribuyen los elementos químicos en todo el universo.

Según las mediciones más recientes, North Star se encuentra a unos 434 años luz de la Tierra. Esto quiere decir que la luz que emite la estrella tarda unos 434 años en llegar hasta nosotros.

La determinación de la distancia a la Estrella Polar se llevó a cabo mediante varias técnicas astronómicas. Una de las técnicas más utilizadas es el paralaje estelar.[6]. Usando esta técnica, los astrónomos pudieron medir la distancia a la Estrella Polar con una precisión de alrededor del 1%.

En cuanto a su órbita, la Estrella Polar es una estrella solitaria, es decir, no tiene compañeras cercanas. Orbita alrededor del centro de la Vía Láctea, junto con nuestro Sol y miles de millones de otras estrellas. Su órbita tarda unos 25,4 millones de años en completarse y su velocidad relativa al centro de la galaxia es de unos 19,5 km/s.

En cuanto a su rotación, es una estrella de rotación lenta, gira alrededor de su propio eje en unos 25,4 días, lo cual es relativamente lento en comparación con otras estrellas similares. Esta lenta rotación puede explicarse por la avanzada edad de la estrella, donde se estima en unos 70 millones de años.

Cabe mencionar que la Estrella Polar tiene su posición muy cerca del Polo Norte Celeste, que es el punto imaginario en el cielo alrededor del cual parecen girar las estrellas debido a la rotación de la Tierra.

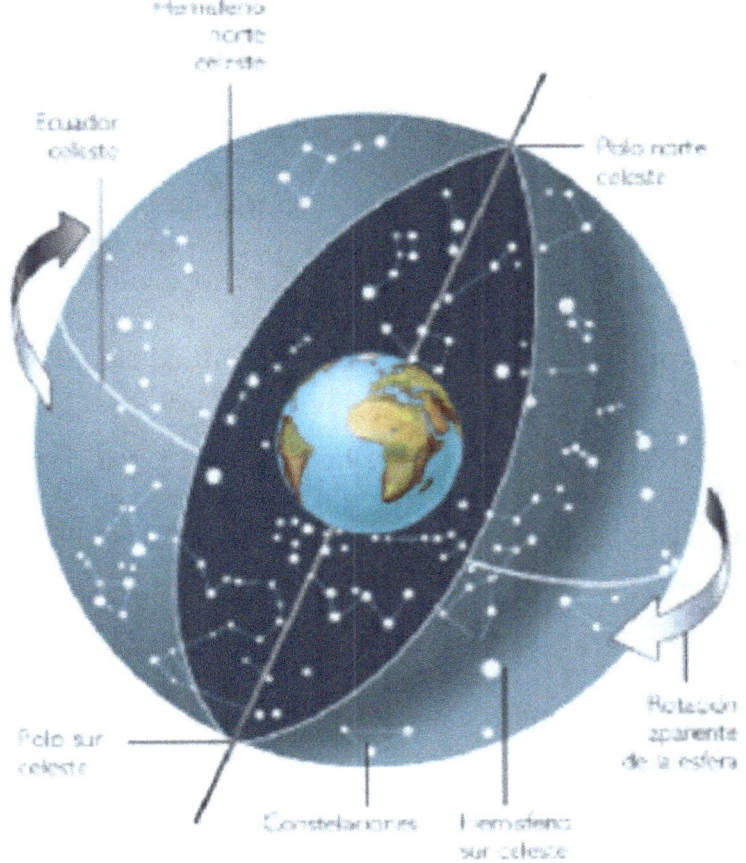

CYGNI NML- V1489 CIGNI

L a estrella NML Cygni es una de las estrellas más grandes y brillantes conocidas por el hombre. Situada en la constelación Cygnus, a unos 1,6 KLP (kiloparsecs) de la Tierra, es una estrella supergigante roja con un radio estimado de unas 1.800 veces el radio del Sol.

Descubierto en 1965 por un equipo de astrónomos dirigido por Neugebauer, Martz y Leighton, NML Cygni toma su nombre de las iniciales de los apellidos de los descubridores. Desde entonces, la estrella ha sido objeto de estudio de muchos astrónomos debido a su excepcional tamaño y brillo.

Una de las características más destacables de NML Cygni es su luminosidad. Emite una enorme cantidad de energía, equivalente a aproximadamente 500.000 veces la luminosidad del Sol. Esto la convierte en una de las estrellas más brillantes visibles a simple vista. Su temperatura también es bastante alta, llegando a rondar los 3.300 grados centígrados en la superficie.

Además, NML Cygni es una estrella variable, lo que significa que su luminosidad y temperatura cambian con el tiempo. Pasa por un ciclo de pulsos regulares, con un período de unos 940 días, lo que puede influir en su evolución futura.

Los astrónomos creen que esta estrella se encuentra en las etapas finales de su vida, lo que significa que se está quedando sin combustible en su núcleo. Esto hace que pierda masa, y se estima que está perdiendo alrededor de una millonésima parte de una masa solar por año. Esta pérdida de masa es tan grande que la estrella podría estar expulsando una nube de gas a su alrededor, llamada envoltura circunestelar.

Cygni NML también podría tener implicaciones importantes para comprender la formación estelar y la evolución estelar. Los astrónomos están estudiando la estrella para tratar de comprender cómo se forman y evolucionan las estrellas supergigantes, y cómo estrellas como NML Cygni podrían eventualmente explotar como supernovas.

La composición química de la estrella no se conoce por completo, ya que es difícil obtener información precisa sobre sus capas internas. Sin embargo, a partir de estudios espectroscópicos, los astrónomos tienen cierta información sobre los elementos presentes en la atmósfera de la estrella.
NML Cygni está clasificada como una estrella supergigante roja, lo que significa que es rica en hidrógeno y helio, los elementos más abundantes en el universo. Además, se detectaron otros elementos como carbono, oxígeno, nitrógeno, hierro y silicio, aunque en cantidades mucho menores.

Los elementos más pesados, como el hierro y el silicio, generalmente se producen en el núcleo de las estrellas a través de reacciones nucleares que ocurren durante la fusión nuclear.

Sin embargo, en estrellas supergigantes como NML Cygni, estos elementos se pueden producir en las capas exteriores de la estrella a través de un proceso llamado nucleosíntesis.[7]convectivo

Además, como se encuentra en la fase final de su vida, puede estar experimentando procesos de enriquecimiento químico, como la convección de material más pesado desde las capas internas hacia las capas externas de la estrella. Estos procesos pueden conducir a una variación en la composición química de la estrella a lo largo del tiempo.

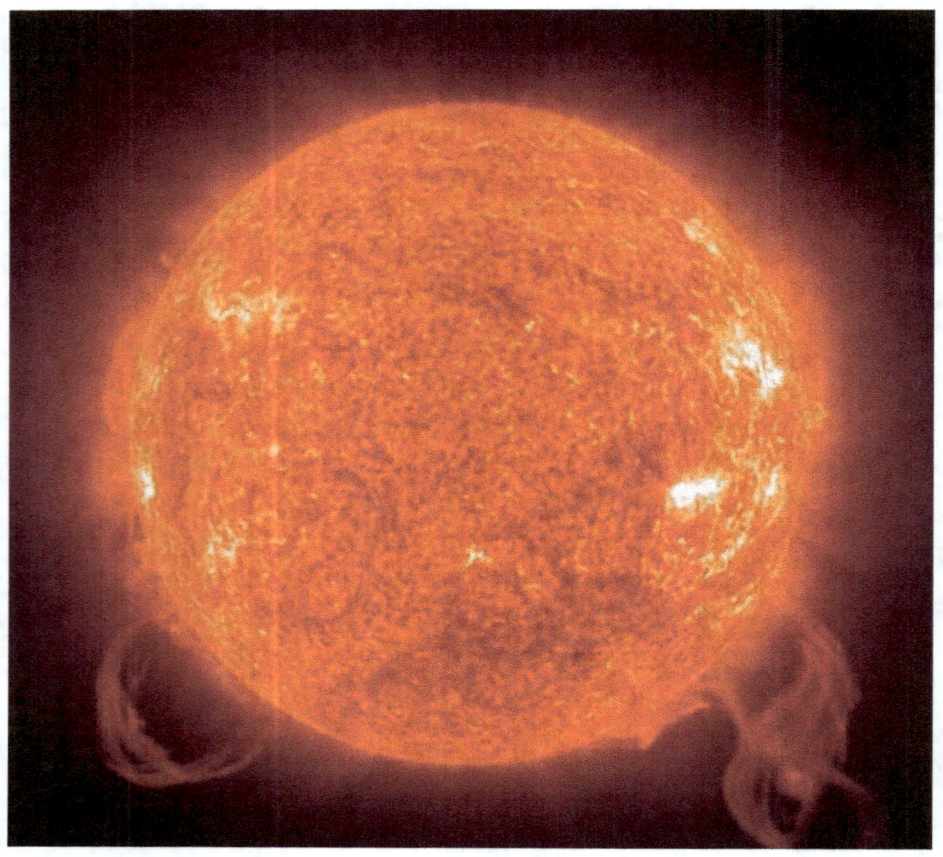

La órbita de la estrella no se conoce con precisión, ya que se encuentra a una gran distancia de la Tierra y no tiene un sistema estelar conocido. Por lo tanto, es difícil determinar su órbita en relación con otras estrellas o cuerpos celestes.

En cuanto a la rotación, se sabe que el NML Cygni tiene una rotación muy lenta. Como estrella supergigante roja, tiene un diámetro muy grande y, por lo tanto, un período de rotación más largo. Las estimaciones indican que la velocidad de rotación es inferior a 5 km/s, mucho más lenta que la velocidad de rotación del Sol, que es de unos 2 km/s en el ecuador.

Es importante destacar que, debido a su gran masa y tamaño,

las fuerzas gravitatorias internas en NML Cygni también pueden afectar su rotación, lo que hace que la estrella se desacelere con el tiempo.

Esta información es importante para comprender la evolución estelar y el comportamiento de las estrellas en las diferentes etapas de su vida.

WESTERLUND 1-26

L a estrella Westerlund 1-26 es una de las estrellas más interesantes y misteriosas conocidas por los astrónomos. Situada en la región central de la Nebulosa de Carina, a una distancia aproximada de 3,52 klp (Kiloparsecs) de la Tierra, esta estrella supergigante roja ha despertado la curiosidad de científicos de todo el mundo por sus peculiares características.

Westerlund 1-26 fue descubierta en 1961 por el astrónomo sueco Bengt Westerlund, quien la identificó como una estrella muy brillante e inusual. Desde entonces, se han llevado a cabo varios estudios para comprender mejor sus características y propiedades.

Una de las principales características de la Westerlund 1-26 es su tamaño. Con un diámetro estimado en unas 1.500 veces el del Sol, es una de las estrellas más grandes conocidas, lo que la clasifica como una supergigante roja. Además, es extremadamente luminoso, con una magnitud aparente de alrededor de 12, lo que lo hace fácilmente visible a través de telescopios potentes.

Otra peculiaridad de Westerlund 1-26 es su alta temperatura. Los estudios indican que la temperatura de su superficie puede alcanzar los 20.000 grados centígrados, lo que la convierte en una de las estrellas más calientes que se conocen. Esta alta temperatura está asociada a su luminosidad, ya que emite gran cantidad de energía en forma de radiación visible y ultravioleta.

Además, Westerlund 1-26 también es una estrella inestable, lo que significa que su luminosidad y temperatura fluctúan con el tiempo. Esta inestabilidad está relacionada con su edad, que es relativamente joven en términos astronómicos, en torno a los 3 millones de años. Durante este tiempo ha pasado por varias fases evolutivas, como la fusión de elementos más pesados en su núcleo y la expansión de su atmósfera.

Otro aspecto que ha llamado la atención de los astrónomos es la posibilidad de que Westerlund 1-26 albergue una estrella de neutrones en su interior. Esta hipótesis se basa en observaciones que indican que está rodeada por una nebulosa en forma de anillo, que puede haberse formado por una explosión de supernova. De confirmarse, este descubrimiento sería de gran importancia para comprender la física de las estrellas de neutrones y los procesos de formación estelar en general.

La composición química de la estrella Westerlund 1-26 es un aspecto muy importante para entender sus características y evolución. Sin embargo, la información disponible sobre la composición química de esta estrella es limitada y aún no ha sido completamente determinada.

Según algunos estudios, esta estrella se considera muy rica en metales, lo que significa que contiene una cantidad relativamente alta de elementos pesados en su atmósfera. Algunos elementos químicos que se han identificado en su atmósfera incluyen hidrógeno, helio, carbono, nitrógeno, oxígeno, silicio y hierro.

Las observaciones espectroscópicas de Westerlund 1-26 sugieren que tiene una abundancia de hierro en relación con el hidrógeno mayor que la del Sol, lo que puede indicar que se formó a partir de gas enriquecido con metales. Otro dato, la presencia de carbono en su atmósfera, indica que pudo haber pasado por un proceso de mezcla convectiva, en el que los elementos más pesados son transportados desde el núcleo a la superficie.

Sin embargo, las observaciones actuales no proporcionan una imagen clara de la composición química de Westerlund 1-26. Se necesitan más estudios para obtener una comprensión más completa de la abundancia de elementos químicos en esta estrella y cómo puede haber evolucionado con el tiempo.

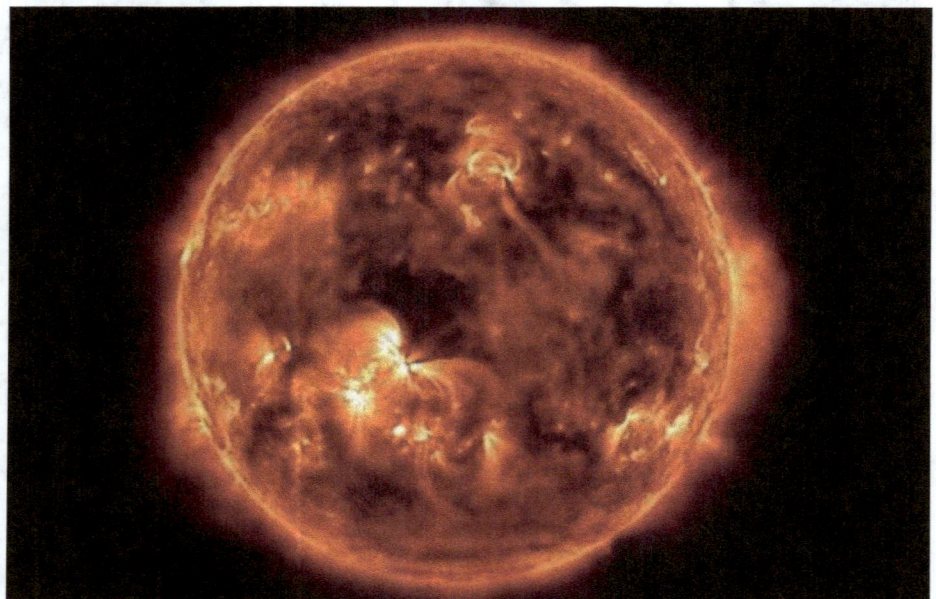

La órbita de la estrella Westerlund 1-26 alrededor del centro de la Nebulosa Carina aún no se ha determinado con precisión. Esto se debe a que se encuentra en una región muy densa y turbulenta, lo que dificulta la obtención de observaciones precisas. Además, la estrella se encuentra en un cúmulo estelar muy compacto, lo que dificulta aún más la determinación de su órbita.

En cuanto a la rotación, los estudios indican que tiene una rotación lenta, con una velocidad ecuatorial estimada de unos 20 km/s. Esto es relativamente bajo para una estrella con un tamaño extremadamente grande y una masa estimada de alrededor de 20 masas solares.

La lenta velocidad de rotación de Westerlund 1-26 puede explicarse por el hecho de que puede haber pasado por un acoplamiento de marea con una estrella compañera en algún momento de su evolución. Este proceso ocurre cuando dos estrellas están lo suficientemente cerca como para que la gravedad de una afecte la forma de la otra, lo que hace que sus rotaciones se sincronicen.

Otro factor relevante es la presencia de un fuerte campo magnético en su superficie, que también puede estar contribuyendo a una rotación lenta. Esto se debe a que el campo magnético de la estrella puede ejercer una fuerza que bloquea la rotación de la estrella, evitando que gire más rápido.

ALFA AURIGAE (CAPELLA)

La estrella Capella es una estrella doble ubicada en la constelación de Auriga, situada a unos 42 años luz de la Tierra. Es una de las estrellas más brillantes del cielo nocturno, con una magnitud aparente de alrededor de 0,1. Capella es una estrella gigante amarilla que es unas 2,5 veces más masiva que el Sol y unas 10 veces más luminosa. La estrella es visible a simple vista y ha sido una de las estrellas más estudiadas por los astrónomos.

La estrella Capella recibió su nombre de una palabra latina que significa "pequeña cabra", en referencia a la constelación Auriga, que representa a un auriga que sostiene cabras en su regazo. La estrella Capella es una estrella doble compuesta por dos estrellas de tipo G, que se orbitan entre sí a una distancia media de unas 0,74 UA (unidades astronómicas). Esta distancia es aproximadamente la misma distancia entre el Sol y Venus.

La órbita tarda unos 104 días en completar una revolución.
Capella A es la estrella más brillante del sistema y está clasificada como una estrella gigante amarilla. Su temperatura superficial es de unos 4.800 Kelvin y su radio es unas 12 veces el del Sol. Capella B, la segunda estrella del sistema, es más pequeña y más tenue que la estrella A. También es una estrella de tipo G, pero está clasificada como una estrella subgigante. Su temperatura superficial es de unos 5.500 Kelvin y su radio es unas 8 veces el del Sol.

Los astrónomos estudiaron la estrella Capella utilizando una variedad de técnicas, incluidas observaciones visuales, espectroscopia e interferometría. Las observaciones espectroscópicas han demostrado que las estrellas Capella A y B son muy similares en composición química y edad, lo que sugiere que se formaron y evolucionaron juntas. Las observaciones interferométricas revelaron que Capella A tiene una atmósfera extendida, lo que se espera de una estrella gigante.

La estrella Capella se ha utilizado como punto de referencia para la navegación durante siglos. Era una de las cuatro estrellas conocidas como "las estrellas náuticas", que se usaban para ayudar a los marineros a orientarse en el mar. Además, Capella se usa a menudo como estrella de calibración en estudios astronómicos, debido a su luminosidad conocida y su relativa proximidad a la Tierra.

Las observaciones espectroscópicas e interferométricas han revelado una gran cantidad de información sobre la estrella, incluida su composición química, edad, temperatura y tamaño. La estrella Capella es un objeto importante tanto para la astronomía como para la navegación, y es un excelente ejemplo de cómo los astrónomos estudian y entienden las estrellas.

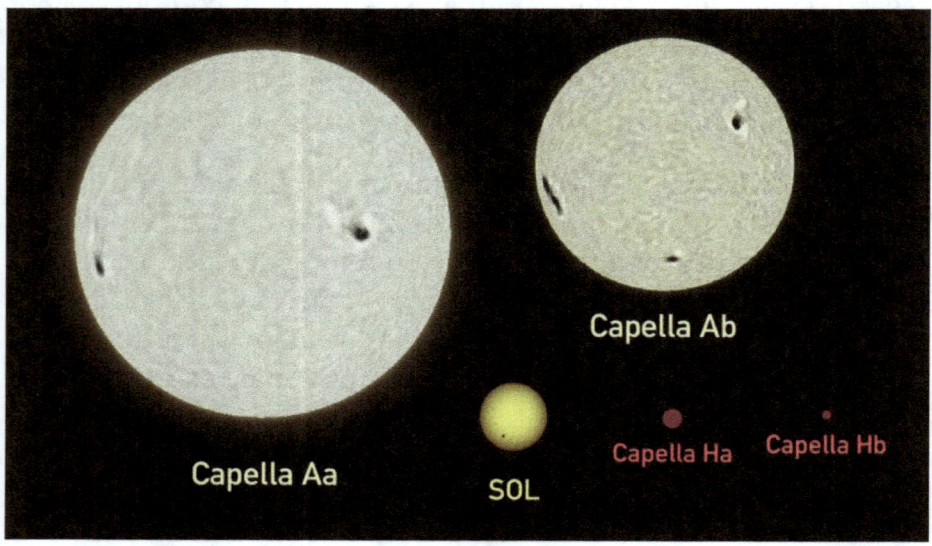

Además, Capella es un sistema estelar muy interesante para

estudiar la evolución estelar. Aunque las estrellas A y B son muy similares en composición química y edad, tienen diferentes tamaños y temperaturas, lo que sugiere que evolucionaron de manera diferente. Se sabe que las estrellas de tipo G pasan por una fase en la que se convierten en gigantes rojas, expandiéndose hasta tal punto que pueden tragarse los planetas cercanos. Estudiar Capella podría ayudar a los astrónomos a comprender mejor cómo evolucionan las estrellas y cuáles son las consecuencias de esa evolución.

Los estudios espectroscópicos de la luz emitida por las estrellas han revelado que están compuestas principalmente de hidrógeno y helio, que son los elementos más abundantes en el universo. Además, se han detectado pequeñas cantidades de otros elementos más pesados en sus atmósferas, como carbono, nitrógeno, oxígeno, hierro, silicio, magnesio y otros.

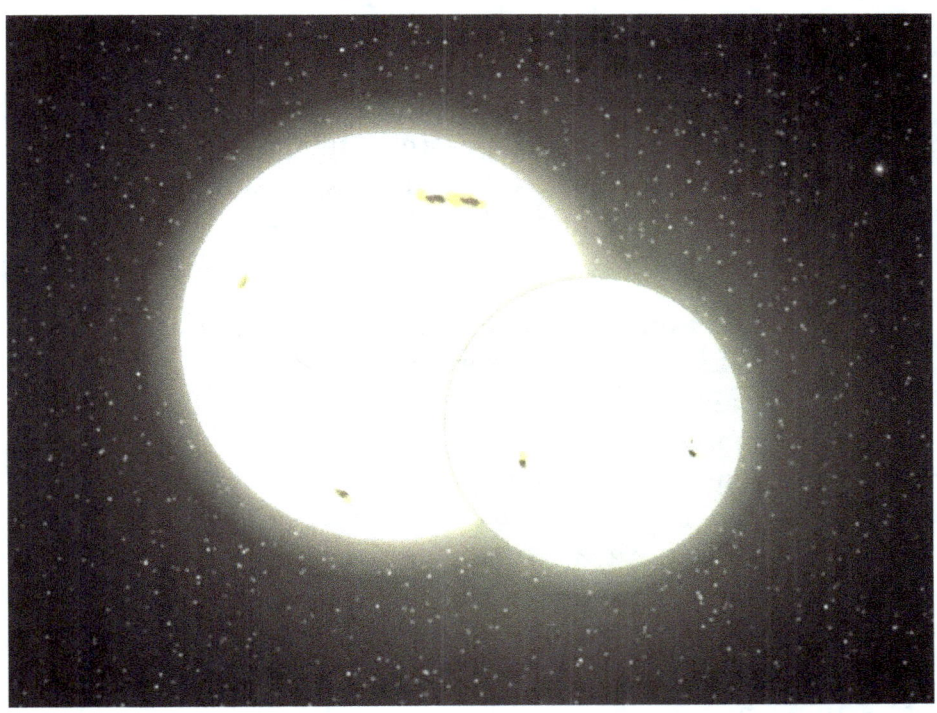

RMC 136A1

La estrella RMC 136a1 es una de las estrellas más notables de nuestra galaxia, la Vía Láctea. Ubicada en la Nebulosa de la Tarántula en la Gran Nube de Magallanes, RMC 136a1 es una de las estrellas más masivas y brillantes conocidas, con una masa estimada de aproximadamente 315 veces la masa del Sol. En este capítulo presentaremos las principales características de la estrella RMC 136a1, así como su papel en la evolución estelar.

Sus características físicas demuestran que se trata de una estrella Wolf-Rayet, una clase de estrellas muy masivas y calientes que han perdido gran parte de sus capas exteriores de hidrógeno. Se estima que la temperatura efectiva de la estrella es de alrededor de 50.000 Kelvin, lo que la convierte en una de las estrellas más calientes conocidas. Además, la estrella tiene una luminosidad extremadamente alta, alrededor de 8,7 millones de veces la luminosidad del Sol.

RMC 136a1 es una estrella binaria, lo que significa que está formada por dos estrellas que orbitan entre sí. Se estima que la estrella compañera tiene unas 25 veces la masa del Sol y orbita la estrella principal en un período de unos 20 días.
Esta estrella juega un papel importante en la evolución estelar, especialmente en la formación de agujeros negros. Como estrella muy masiva, RMC 136a1 evoluciona rápidamente y agota su combustible nuclear en una escala de tiempo relativamente corta en comparación con las estrellas menos masivas. Cuando eso sucede, la estrella colapsa y explota como una supernova, dejando atrás un remanente estelar.

En este caso, la explosión de la supernova probablemente resultará en la formación de un agujero negro. Además, RMC 136a1 también es una fuente importante de radiación ionizante en la Nebulosa de la Tarántula, lo que la hace importante para comprender la formación y evolución de las regiones HII, que son regiones de hidrógeno ionizado.

La composición química de la estrella RMC 136a1 es un área de investigación en constante evolución y aún no se comprende por completo. Sin embargo, los estudios indican que la estrella tiene una composición química relativamente rica en elementos pesados como el carbono, el oxígeno, el nitrógeno, el silicio y el hierro.

A través del análisis del espectro de la estrella, los astrónomos pudieron determinar que RMC 136a1 tiene una abundancia de helio relativamente baja en comparación con estrellas menos masivas. Además, la estrella también tiene una abundancia relativamente alta de nitrógeno, lo que es consistente con su clasificación como estrella Wolf-Rayet.

El análisis espectral también sugiere que la estrella RMC 136a1 puede estar enriquecida en elementos pesados producidos en supernovas, lo que es consistente con su gran masa y su rápida evolución. Sin embargo, se necesitan más estudios para comprender completamente la composición química de la estrella y cómo se relaciona con su evolución estelar.

UY SCUTI

La estrella UY Scuti es un fascinante objeto astronómico que ha despertado un gran interés entre la comunidad científica y el público en general. Se trata de una supergigante roja situada en la constelación de Scutum, cuyas características físicas la sitúan entre las estrellas más grandes conocidas del universo.

Según las estimaciones actuales, UY Scuti tiene una masa unas 30 veces mayor que la del Sol y un radio unas 1.700 veces mayor. Estas medidas, sin embargo, todavía están sujetas a cierta incertidumbre, debido a la dificultad de obtener observaciones precisas de estrellas tan lejanas. La distancia con relación a la Tierra es de aproximadamente 2912,65 parsecs, lo que significa que la luz que emite esta estrella tarda más de 9 mil años en llegar hasta nosotros.

El análisis espectral de UY Scuti ha revelado la presencia de varios elementos químicos en su atmósfera, además de hidrógeno y helio, como carbono, oxígeno, hierro y otros metales pesados. Estos elementos se producen a través de reacciones nucleares en el núcleo de la estrella y se transportan a la superficie mediante procesos convectivos.

Se sabe poco sobre la órbita de UY Scuti alrededor del centro de la Vía Láctea, pero se cree que se mueve en una órbita elíptica y tarda millones de años en completar una revolución completa. En cuanto a la rotación de la estrella, las observaciones indican que se trata de una estrella de baja velocidad, que tarda unos 740 días en completar una rotación completa alrededor de su eje. Este valor es bastante inusual para una estrella de este tamaño, y las causas de este fenómeno aún no se comprenden completamente.

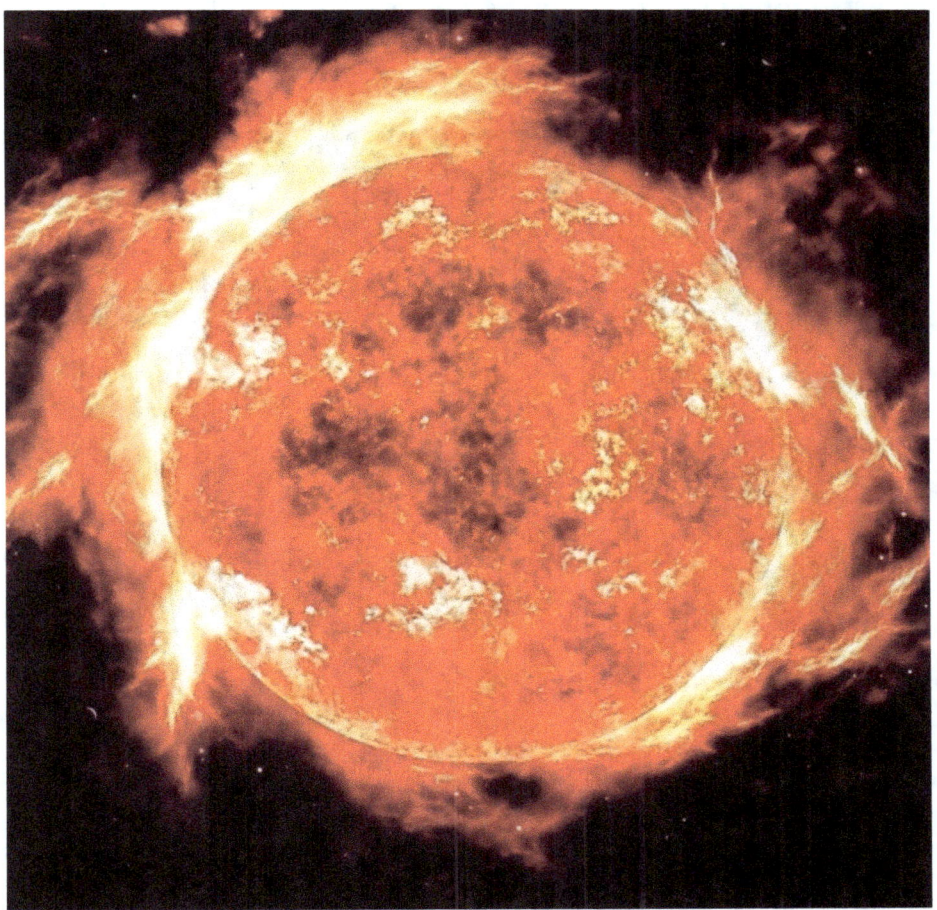

Comprender la estructura y evolución de estrellas como UY Scuti es fundamental para estudiar la formación y evolución de las galaxias y el universo en su conjunto. Además, las estrellas supergigantes rojas como ésta juegan un papel importante en el enriquecimiento químico del medio interestelar, a través de la emisión de elementos pesados que se producen en sus núcleos y se propagan por el espacio a través de los vientos estelares.

Finalmente, es importante resaltar que la observación y el estudio de estrellas distantes como UY Scuti son fundamentales para ampliar nuestro conocimiento sobre el universo y su complejidad.

A pesar de las dificultades técnicas que conllevan, los avances en astronomía han permitido obtener información cada vez más precisa sobre estos objetos, abriendo nuevas posibilidades para explorar el universo en el que vivimos.

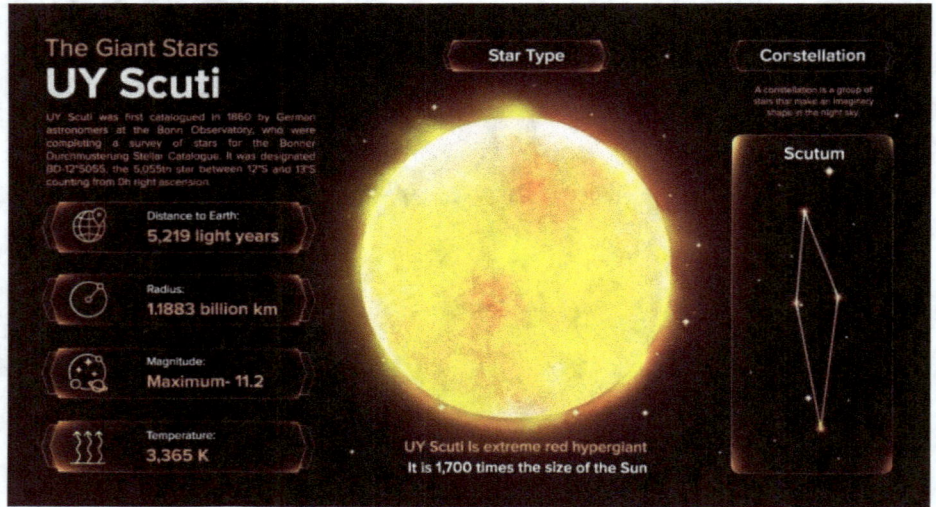

WOH G64

La estrella WOH G64 es una supergigante roja ubicada en la Gran Nube de Magallanes, una galaxia satélite de la Vía Láctea. Con una magnitud aparente de alrededor de 13, esta estrella es muy brillante y se puede ver con telescopios de aficionados de tamaño moderado.

Una de las estrellas más grandes conocidas, con un radio estimado de alrededor de 1500 veces el radio del Sol, esta supergigante roja también es muy masiva, con una masa estimada de alrededor de 25 veces la masa del Sol.

Además, WOH G64 es una estrella muy antigua, con una edad estimada de unos 10 millones de años. La observación proporciona información importante para comprender la evolución estelar. Las supergigantes rojas como esta estrella son etapas tardías en la evolución de las estrellas masivas y brindan pistas sobre la evolución de las estrellas masivas. WOH G64 en particular es una de las estrellas más luminosas conocidas y puede proporcionar información útil sobre la evolución estelar en condiciones extremas.

Las observaciones con telescopios en el espectro visible e infrarrojo revelan características interesantes de la atmósfera de esta estrella. Por ejemplo, las observaciones espectroscópicas han revelado la presencia de una capa expandida de gas alrededor de la estrella, llamada envoltura circunestelar. La presencia de esta envoltura sugiere que WOH G64 está experimentando una intensa fase de pérdida de masa, con la expulsión de grandes cantidades de gas a su entorno.

Otras observaciones indican que esta estrella puede estar a punto de explotar como supernova. Si bien no es posible predecir con precisión cuándo sucederá esto, los modelos teóricos sugieren que podría suceder en un futuro cercano, en términos astronómicos.

La composición química de la estrella WOH G64 es un tema activo de estudio entre los astrónomos. Sin embargo, el análisis espectral de la estrella sugiere que su atmósfera es rica en hidrógeno y helio, como es común en las estrellas. Además, se detectaron trazas de elementos más pesados como el carbono, el oxígeno y el nitrógeno.

Las observaciones espectroscópicas de la estrella también han revelado la presencia de algunos elementos químicos menos comunes en su atmósfera. Por ejemplo, se detectaron trazas de litio, berilio y boro, que normalmente son difíciles de detectar en las estrellas debido a su bajo contenido. La presencia de estos elementos sugiere que WOH G64 pudo haber sufrido procesos de mezcla y enriquecimiento químico en su evolución estelar.

El análisis espectral de la estrella sugiere que puede estar enriquecida en elementos producidos por procesos nucleares avanzados, como el proceso s y el proceso r. Estos procesos ocurren en condiciones extremas, como supernovas y colisiones de estrellas de neutrones, y producen elementos más pesados que el hierro. La presencia de estos elementos en WOH G64 puede proporcionar pistas sobre el origen de estos elementos en estrellas de gran masa.

RIGEL

La estrella Rigel es una de las estrellas más brillantes visibles a simple vista en el cielo nocturno. Situada en la constelación de Orión, es una estrella supergigante azul de clase B y tiene una magnitud aparente de alrededor de 0,18. Su posición en el cielo nocturno hace que sea fácilmente identificable tanto por astrónomos aficionados como profesionales.

La estrella Rigel tiene una masa estimada de unas 23 veces la masa del Sol y un diámetro estimado de unas 78 veces el diámetro del Sol. Es una estrella joven, estimada en unos 10 millones de años. En comparación, se estima que el Sol tiene unos 4.600 millones de años. Rigel se encuentra a una distancia de unos 860 años luz de la Tierra.

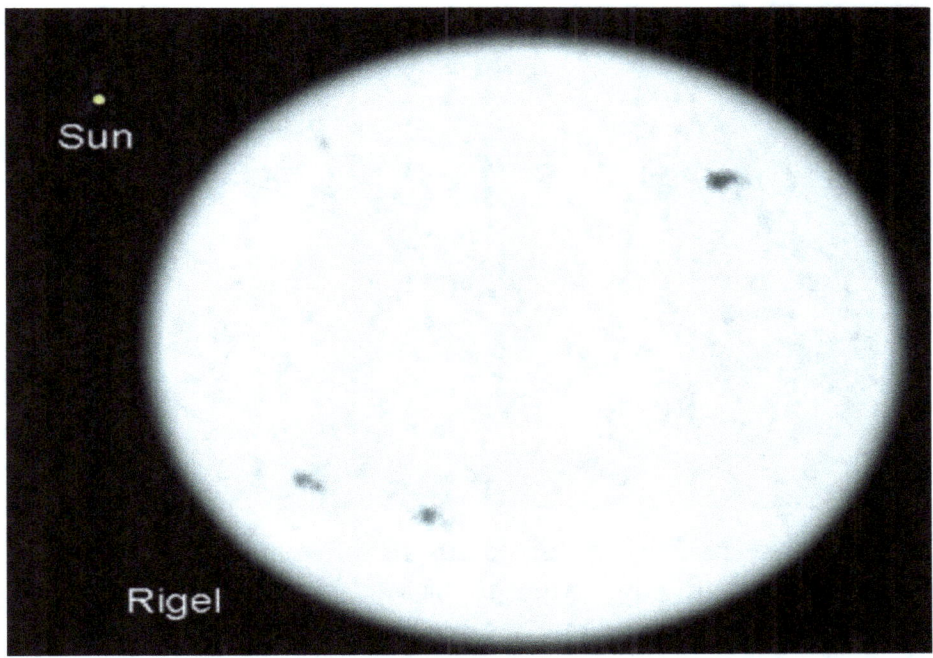

El color azul brillante de la estrella Rigel es indicativo de su temperatura superficial relativamente alta, estimada en alrededor de 12.000 Kelvin. La alta temperatura de Rigel significa que emite mucha radiación ultravioleta y visible. Esta radiación es responsable de la luminosidad de la estrella y también es la fuente de energía para la ionización de los gases en el medio interestelar circundante.

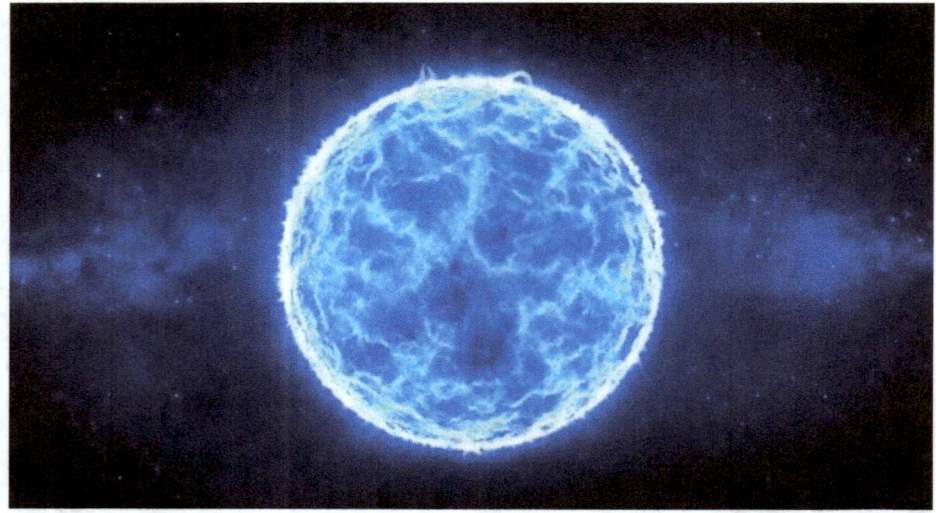

Rigel es una estrella variable, lo que significa que su luminosidad varía ligeramente con el tiempo. La variación en la luminosidad de la estrella se debe a la pulsación de su superficie, que se puede observar como cambios en el ancho de las líneas espectrales de su espectro.

También se sabe que la estrella Rigel es un sistema binario, compuesto por una estrella principal y una compañera más pequeña. La naturaleza exacta de la compañera no se comprende bien, pero es posible que sea una estrella menor B u O.

Debido a su brillante luminosidad y ubicación en la constelación de Orión, la estrella Rigel ha sido objeto de observación y estudio por parte de los astrónomos durante siglos. Es una importante fuente de información sobre la evolución estelar y la física estelar en general.

La composición química de la estrella Rigel es similar a la de otras estrellas de su clase. Como estrella supergigante azul de clase B, está compuesta principalmente de hidrógeno y helio, como la mayoría de las estrellas. Sin embargo, también contiene cantidades significativas de elementos más pesados como carbono, nitrógeno, oxígeno, silicio y hierro.

Los elementos más pesados se producen por fusión nuclear en el núcleo de la estrella, donde las temperaturas y presiones son extremadamente altas. Durante la vida de una estrella como Rigel, se somete a una serie de reacciones nucleares que producen estos elementos más pesados. Cuando la estrella llega al final de su vida, puede explotar en una supernova, dispersando estos elementos en el espacio y enriqueciendo la galaxia con los elementos que forman los planetas y otras formas de vida.

El análisis espectral de la luz emitida por la estrella Rigel puede proporcionar información sobre su composición química. A través de técnicas de espectroscopia, los astrónomos pueden identificar las líneas espectrales de diferentes elementos en su atmósfera y determinar la abundancia relativa de esos elementos.

En general, la composición química de la estrella Rigel es muy similar a la de otras estrellas de su clase, pero el análisis de sus líneas espectrales puede proporcionar información importante sobre la evolución estelar y la formación de elementos en el universo.

La estrella Rigel tiene una velocidad de rotación muy alta, girando alrededor de su eje una vez cada 10,4 días terrestres. Eso es aproximadamente 17 veces más rápido que la velocidad de rotación del Sol. Debido a su alta velocidad de rotación, Rigel es una estrella achatada en los polos, con un diámetro ecuatorial un 50% mayor que el diámetro polar.

La órbita de esta estrella también es de interés para los astrónomos. Rigel es una estrella solitaria y no forma parte de un sistema estelar binario o múltiple. Sin embargo, se encuentra en la constelación de Orión, que contiene muchas estrellas jóvenes y brillantes y se mueve en relación con nuestro sistema solar a una velocidad de unos 24,4 km/s.

Se estima que la órbita de la estrella Rigel alrededor del centro galáctico de la Vía Láctea es de unos 250 millones de años. Esto significa que desde que se formó Rigel, ha completado alrededor de 4 órbitas alrededor del centro galáctico. La posición de Rigel en el cielo nocturno también cambia constantemente debido al propio movimiento de la estrella en el espacio. El movimiento propio es el cambio aparente en la posición de una estrella en el cielo nocturno en relación con otras estrellas de fondo causado por el movimiento real de la estrella en el espacio.

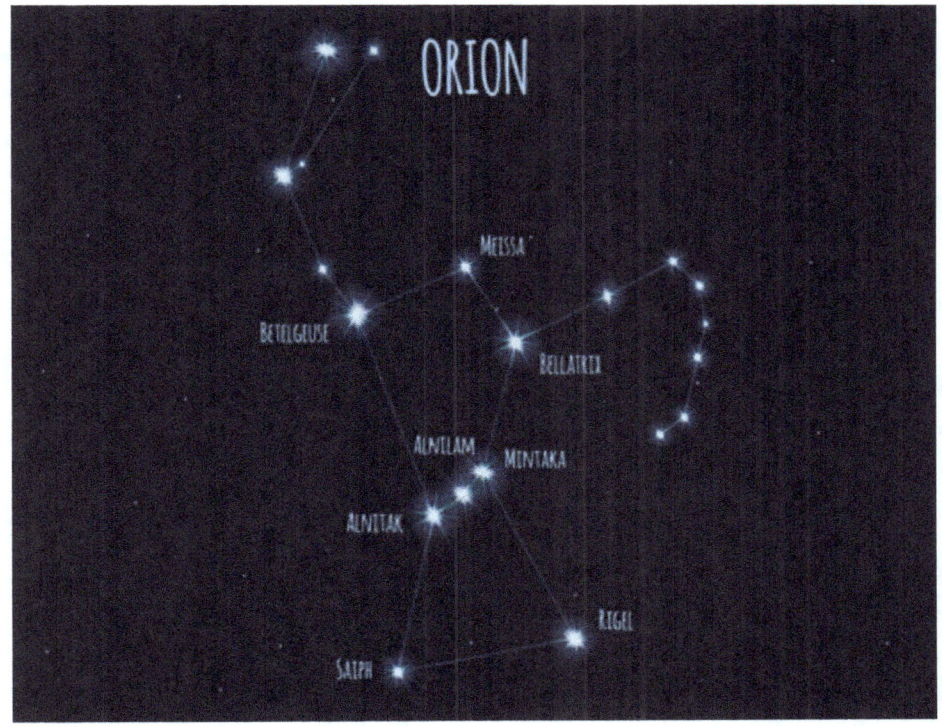

ESTRELLAS NEGRAS

Las estrellas negras son un fenómeno astronómico raro e intrigante que ha despertado el interés de la comunidad científica. A diferencia de las estrellas convencionales, las estrellas negras no emiten luz visible y, por lo tanto, son difíciles de detectar. En este capítulo, discutiremos qué son las estrellas negras, cómo se forman y cuál es su papel en el universo.

¿Qué son las estrellas negras? Las estrellas negras son estrellas extremadamente compactas y densas, con una masa tal que la fuerza de la gravedad es capaz de evitar que la luz se escape de ellas. Debido a esto, no emiten luz visible y son prácticamente invisibles para los telescopios convencionales. Su existencia solo puede detectarse a través de los efectos gravitatorios que ejercen sobre otras estrellas y objetos celestes cercanos.

Estas estrellas se forman a partir de la explosión de estrellas masivas, conocidas como supernovas. Durante una supernova, la estrella explota y el núcleo restante es comprimido por una fuerza gravitatoria extremadamente fuerte, formando una estrella de neutrones. Si la masa de la estrella de neutrones es aún mayor, puede colapsar aún más y formar una estrella negra.

Estas estrellas juegan un papel fundamental en el universo, ya que son las encargadas de mantener la estabilidad de las galaxias. La atracción gravitatoria de las estrellas oscuras mantiene en órbita a las estrellas y los planetas cercanos a ellas, evitando que escapen al espacio intergaláctico. Además, las estrellas negras también pueden desempeñar un papel importante en la producción de rayos cósmicos y la formación de agujeros negros.

Una estrella oscura no necesita tener un horizonte de eventos y puede ser o no una fase de transición entre una estrella que colapsa y una singularidad. Una estrella oscura se crea cuando la materia se comprime a un ritmo significativamente menor que la velocidad de caída libre de una partícula hipotética que cae hacia el centro de esta estrella, debido al hecho de que los procesos cuánticos crean polarización de vacío, lo que crea una forma de presión de degeneración. evitando que el espacio-tiempo (y las partículas atrapadas en él) ocupen el mismo espacio al mismo tiempo. Esta energía es teóricamente ilimitada, y si se acumula lo suficientemente rápido, evitará que el colapso gravitacional cree una singularidad. Esto puede implicar una tasa de colapso cada vez menor, lo que lleva a un tiempo infinito para colapsar o acercarse asintóticamente a un radio distinto de cero.

Una estrella negra con un radio ligeramente mayor que el horizonte de eventos predicho para un agujero negro de masa equivalente aparecerá muy tenue visiblemente, porque casi toda la luz producida regresa a la estrella. Cualquier luz que se escape se verá gravemente afectada por la gravedad, generando un corrimiento al rojo (también conocido por el término inglés corrimiento al rojo) en esa luminosidad. Aparecerá casi exactamente como un agujero negro.

Contará con la radiación de Hawking[8], ya que las partículas virtuales creadas en su vecindario aún se pueden dividir, con una partícula escapando y la otra quedando atrapada. Además, creará una radiación térmica planckiana que se parece a la radiación de Hawking equivalente esperada de un agujero negro.

El interior predicho de una estrella negra estará compuesto por este extraño estado del espacio-tiempo, con cada longitud en profundidad corriendo hacia adentro, apareciendo igual que una estrella negra de masa y radio equivalentes sin la cubierta. Las temperaturas aumentan con la profundidad hacia el centro.

ESTRELLAS DE NEUTRONES

Las estrellas de neutrones son uno de los objetos más fascinantes y enigmáticos del universo. Son remanentes compactos de estrellas masivas que se han quedado sin combustible nuclear y han colapsado gravitacionalmente. Debido a su increíble densidad, las estrellas de neutrones tienen propiedades físicas extremas, que las convierten en objeto de gran interés y estudio en astrofísica.

Las estrellas de neutrones se forman a partir de supernovas, que se producen cuando una estrella masiva agota todo su combustible nuclear y la atracción gravitacional de su núcleo se vuelve insostenible. En ese momento, el núcleo de la estrella colapsa, formando una esfera de materia extremadamente densa, de unos 20 kilómetros de diámetro. Esta esfera está compuesta principalmente por neutrones, que son partículas subatómicas sin carga eléctrica, y está rodeada por una atmósfera de electrones y protones.

La densidad de la materia en las estrellas de neutrones es tan alta que una cucharadita de su materia pesaría millones de toneladas en la Tierra. Además, las estrellas de neutrones giran muy rápidamente, con velocidades de rotación de hasta cientos de veces por segundo. Este giro rápido es el resultado del principio de conservación del momento angular, que hace que la velocidad de rotación aumente a medida que la estrella se encoge.

Las estrellas de neutrones se detectan a través de su emisión de radiación electromagnética, que se puede observar en varias bandas del espectro electromagnético, incluidos los rayos X, los rayos gamma y las ondas de radio. Esta radiación es producida por varios procesos físicos que ocurren en las estrellas de neutrones, como la rotación rápida, los campos magnéticos intensos y la interacción con el material en su entorno.

Una de las propiedades más intrigantes de las estrellas de neutrones es su campo magnético extremadamente intenso, que puede ser miles de millones de veces más fuerte que el campo magnético de la Tierra. Este intenso campo magnético crea una región de plasma alrededor de la estrella conocida como magnetosfera, que interactúa con el medio interestelar y puede producir emisiones de radio.

En estos sistemas, las estrellas orbitan alrededor de un centro de masa común y pueden interactuar gravitatoriamente y mediante emisiones de radiación, produciendo efectos complejos y fascinantes.

Las estrellas de neutrones también pueden formar sistemas binarios con otras estrellas, produciendo efectos complejos. El estudio de las estrellas de neutrones es esencial para comprender la física de alta energía y el universo en su conjunto.

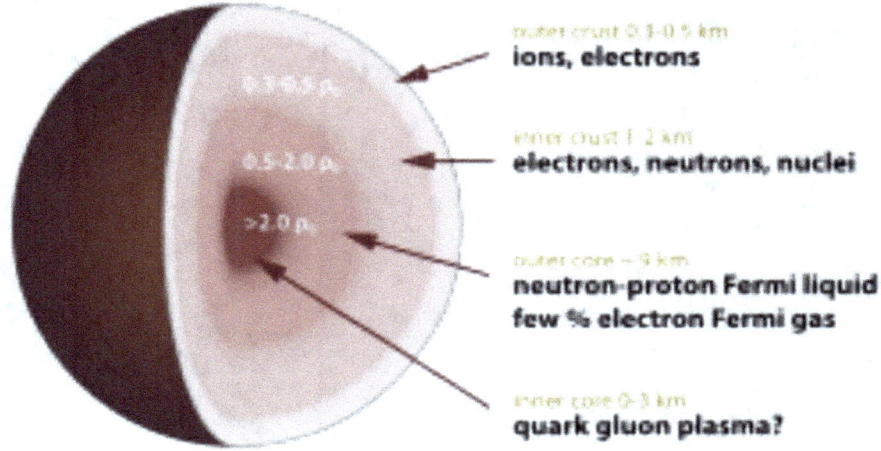

Estructura de una estrella de neutrones

Los púlsares son estrellas de neutrones muy pequeñas y muy densas. Los púlsares pueden tener un campo gravitatorio de hasta mil millones de veces el de la Tierra. Probablemente sean restos de estrellas colapsadas o supernovas. A medida que una estrella pierde energía, su materia se comprime hacia su centro, haciéndose cada vez más densa. Cuanto más se mueve la materia de la estrella hacia su centro, más rápido gira.

Emiten un flujo constante de energía. Esta energía se concentra en una corriente departículaselectromagnéticoque se emiten desde elpolos magnéticosde la estrella A medida que la estrella gira, el rayo de energía se dispersa por elespacio, como el paquete deluzde unfaro. Sólo cuando el haz incide en elTierraes que podemos detectar púlsares a través de radiotelescopios. La luz emitida por los púlsares en elespectro visiblees tan pequeño que no es posible observarlo desdeojo desnudo. Solo los radiotelescopios pueden detectar la fuerte energía que emiten.

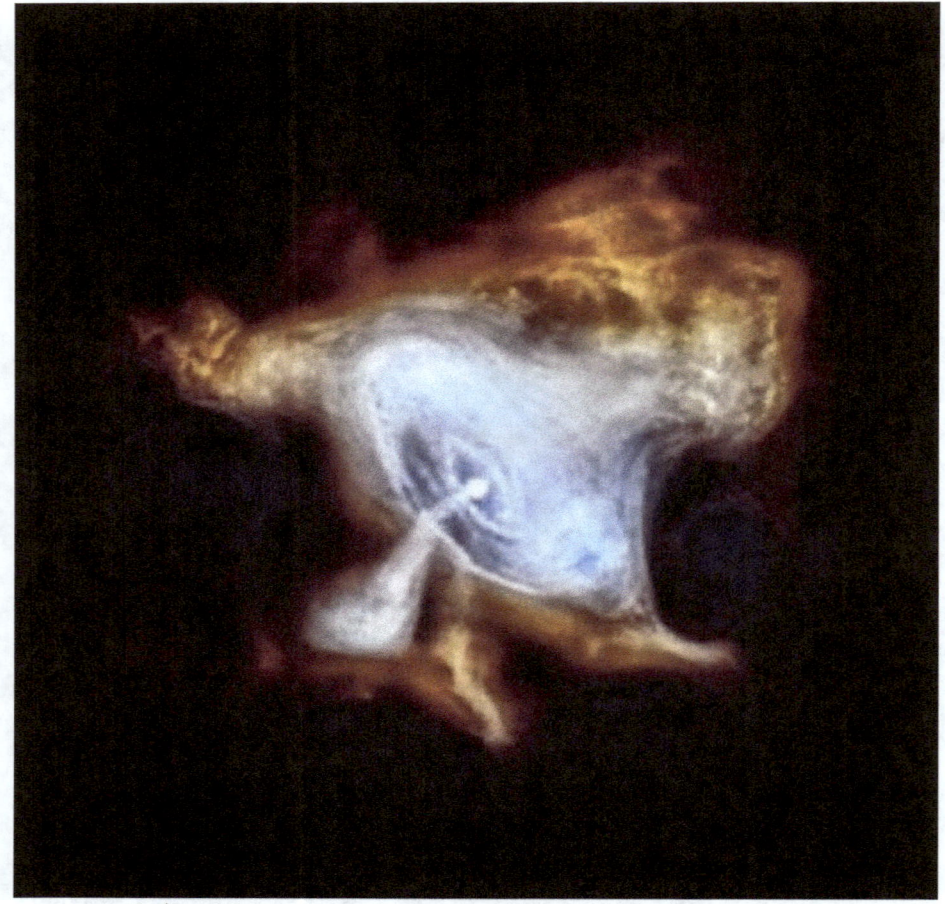

El púlsar del cangrejo. Esta imagen combina información óptica recopilada por Hubble (en rojo) e imágenes de rayos X de Chandra (en azul).

el púlsarREP 1913+16es un sistema orbitado por estrellas de neutrones con una separación máxima de un solo radiosolarentre ellas. Tiene movimientos rápidos y las observaciones indican que el período orbital de este sistema debería disminuir relativamente rápido, dada su fuerte señal.onda gravitacional; desde 1975 el período ya ha disminuido en 10 segundos.

Disco de aceleración,en caso de unSuper nuevaocurren en un sistema binario, la supernova compañera puede sufrir algún daño en sus capas superficiales (y aun así continuar su vida), porque cada parte del binario genera su propio dominio de fuerza gravitacional en forma de gota, que se unen en forma de un "8" formando unsuperficie equipotencial; llamada delóbulo de Roche(todos los puntos tienen el mismo potencial gravitatorio). Una estrella de neutrones se formará junto a otra estrella vecina de la supernova. Cuando la estrella vecina se convierte en unagigante roja, llena el lóbulo, su gas girará en espiral hacia la estrella de neutrones a través depunto de lagrangedel Lóbulo (punto de equilibrio inestable a través del cual se puede transferir la materia). Ese gas que es succionado por la estrella de neutrones debido a su rotación formará un disco grueso a su alrededor; tal disco se llamaacreción.

La fricción que existe entre las capas de gas en órbitas cercanas a lo largo del disco de acreción conduce a la pérdida del momento angular y al movimiento descendente en espiral hacia la superficie de la estrella de neutrones. El gas en espiral se mueve hacia el campo gravitatorio de la estrella de neutrones, por lo que su energía gravitatoria se convierte en energía térmica dentro del disco de acreción.

En la parte interior del disco de acreción, la energía gravitacional se libera con mayor intensidad, alcanzando una temperatura promedio de millones de grados. Una enorme fuente de energía se hace presente en esta región, donde hay una gran emisión de radiación, como rayos ultravioleta y rayos X. La presión sobre la estrella de neutrones puede aumentar considerablemente si se transfiere gas en una cantidad relativamente grande desde el disco de acreción a la estrella de neutrones; de esta forma se acumula energía y así, eventualmente, el gas es expulsado de la estrella de neutrones, provocando fuertes corrientes de gas en su órbita.

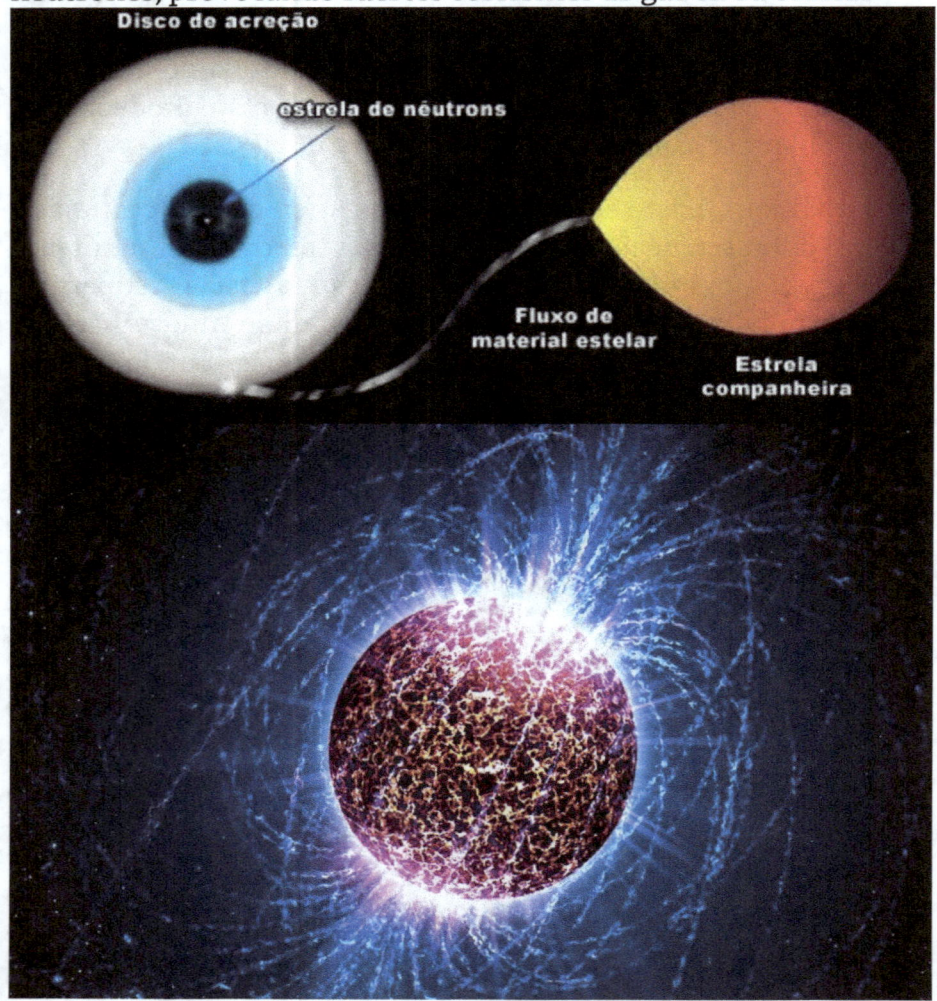

CONSIDERACIONES FINALES

A l concluir este libro sobre las estrellas del universo, podemos decir que estos objetos celestes son verdaderas maravillas cósmicas. Son los responsables de la creación de elementos químicos, de la producción de luz y calor, además de ser uno de los principales elementos que forman las galaxias.

Hemos aprendido que las estrellas pueden variar en tamaño, temperatura, color y brillo, lo que puede afectar significativamente su ciclo de vida y su destino final. Algunas estrellas terminan explotando en supernovas, mientras que otras pueden convertirse en agujeros negros o estrellas de neutrones.

Las estrellas también juegan un papel importante en nuestra propia existencia, ya que son las responsables de la luz que vemos durante el día, del calentamiento de nuestro planeta y de proporcionar elementos esenciales para la vida, como el carbono y el oxígeno.

Sin embargo, queda mucho por descubrir sobre las estrellas y el universo en el que vivimos. A medida que avanza la ciencia, las nuevas tecnologías y métodos de investigación nos permiten estudiar las estrellas y comprender mejor su origen, evolución y papel en el cosmos.

En resumen, este libro nos ha mostrado la magnitud y complejidad de las estrellas en el universo y cuán esenciales son para nuestra comprensión del cosmos y nuestra propia existencia.

REFERENCIAS
BIBLIOGRÁFICAS

Anglada-Escudé, Guillem; et al. (agosto de 2016). "Un candidato a planeta terrestre en una órbita templada alrededor de Próxima Centauri". Naturaleza. 536 (7617): 437-440. Código Bib:2016Natur.536..437A. doi:10.1038/naturaleza19106

Panadero, J.; Bizarro, M.; Wittig, N.; Connelly, J.; Hack, H. (2005). «Fusión planetesimal temprana a partir de una edad de 4,5662 Gyr para meteoritos diferenciados». Naturaleza. 436: 1127–1131. doi:10.1038/naturaleza03882

Barceló, C.; Liberati, S.; Sonego, S.; Visser, M. (2008). "Destino del colapso gravitacional en la gravedad semiclásica". Revisión física D 77: 044032. doi:10.1103/PhysRevD.77.044032. (en ingles)

BessaSoares (9 de febrero de 2011). El Sol es una esfera perfecta. MásTecnología. Consultado el 30 de junio de 2021

Bonanno, A.; Schlattl, H.; Paterno, L. (2008). «La edad del Sol y las correcciones relativistas en la EOS». Astronomía y Astrofísica. 390: 1115–1118. doi:10.1051/0004-6361:20020749

Camenzind, Max (24 de febrero de 2007). Objetos compactos en astrofísica: enanas blancas, estrellas de neutrones y agujeros negros Springer Science & Business Media. PAG. 269. ISBN 978-3-540-49912-1

Dearborn, David SP (2016). "Pistas evolutivas para Betelgeuse". El Diario Astrofísico. 819. 7 páginas. Código Bib:2016ApJ...819....7D.

arXiv:1406.3143v2. doi:10.3847/0004-637X/819/1/7

DeWarf, LE; Datín, KM; Guinan, EF (octubre de 2010). «Observaciones de rayos X, FUV y UV de α Centauri B: determinación del ciclo de actividad magnética a largo plazo y el período de rotación». El Diario Astrofísico. 722(1): 343-357. Código Bib:2010ApJ...722..343D. doi:10.1088/0004-637X/722/1/343

Dolan, Michelle M.; Mathews, Grant J.; Lam, Doan Duc; Lan, Nguyen Quynh; Herczeg, Gregory J.; dos Anjos, Sandra. Evolución de estrellas en sistemas binarios (PDF) . Instituto de Astronomía, Geofísica y Ciencias Atmosféricas: Universidad de São Paulo.

Edward F. Guinan; Richard J. Wasatonic; Thomas J. Calderwood (8 de diciembre de 2019). «ATel #13341: El desmayo de la supergigante roja cercana Betelgeuse». El telegrama del astrónomo. Consultado el 11 de enero de 2023

ESO: Imagen de mayor resolución de Eta Carinae obtenida hasta la fecha incl. Imágenes y animación
El estudio muestra que el Sol es la esfera más perfecta de la naturaleza. www.apolo11.com. Consultado el 30 de junio de 2021

G. Wallerstein; I. Iben hijo; P. Parker; AM Boesgaard; GM Hale; Champán AE; , CA Barnes; F. KM-dppeler; VV Smith; RD Hoffman; efectos especiales
Veces; C. Sneden; RN Boyd; BS Meyer; DL Lambert (1999).

Consulta GCVS=Eta+Coche». Catálogo General de Estrellas Variables @ Instituto Astronómico Sternberg, Moscú, Rusia. Consultado el 12 de noviembre de 2022

Glendenning, Norman K. (2012). Estrellas compactas: física nuclear, física de partículas y relatividad general ed ilustrada. [SL]: Springer Science & Business Media. PAG. 1. ISBN 978-1-4684-0491-3 Extracto de página

Godier, S.; Rozelot, J.-P. (2000). El achatamiento solar y su relación con la estructura de la tacoclina y del subsuelo solar (PDF). Astronomía y Astrofísica. 355: 365–374. Código Bib:2000A&A...355..365G

Haensel, Paweł; Potekhin, Alexander Y.; Yakovlev, Dmitri G. (2007). Estrellas de neutrones. [SL]: Springer. ISBN 0-387-33543-9

Jamón, WT Jr.; Müller, HA; Ruffolo, JJ Jr.; Guerry, D. III, (1980). «Retinopatía solar en función de la longitud de onda: su significado para la protección

Gafas». En: Williams, TP; Baker, BN Los efectos de la luz constante en los procesos visuales. [Sl]: Prensa Pleno. páginas. 319–346. ISBN: 0306403285

Harper, GM; et al. (julio de 2017). «Una solución astrométrica actualizada de 2017 para Betelgeuse». El Diario Astronómico. 154 (1): artículo 11, 6 págs. Código Bib:2017AJ....154...11H. doi:10.3847/1538-3881/aa6ff9

Helerbrock, Rafael. «¿Qué es una estrella de neutrones?. Escuela Brasil. ¿Qué es la Física?. Red Omnia. Consultado el 21 de diciembre de 2022

Hitchcock, R. Timoteo; Patterson, Patterson (1995). Energías electromagnéticas de radiofrecuencia y ELF: un manual para profesionales de la salud. [ES]: John Wiley and Sons. PAG. 218. ISBN: 9780471284543

Howard RA; Moisés JD; Socker DG; Dere KP; Cook JW (2002). "Investigación heliosférica y coronal de Sun Earth Connection (SECCHI)". Misiones de Variabilidad Solar y Física Solar Avances en la Investigación Espacial. 29 (12): 2017–2026

Keenan, Felipe C.; McNeil, Raymond C. (octubre de 1989). «El catálogo de Perkins de tipos MK revisados para las estrellas más frías». Serie de suplementos de revistas astrofísicas. 71: 245-266. Código Bib:1989ApJS...71..245K. doi:10.1086/191373

Kervella, P.; Mignard, F.; Merand, A.; Thévenin, F. (octubre de 2016). «Conjunciones estelares cercanas de α Centauri A y B hasta 2050. Una estrella mK = 7,8 puede entrar en el anillo de Einstein de α Cen A en 2028». Astronomía y Astrofísica. 594: A107, 15.

Kiziltán, Bulent (2011). Reevaluación de los fundamentos: sobre la evolución, las edades y las masas de las estrellas de neutrones. [Sl]: Editoriales Universales. ISBN 1-61233-765-1

Lodders, K. (2003). «Abundancias del Sistema Solar y Temperaturas de Condensación de los Elementos». Diario astrofísico. 591 (2): 1220. doi:10.1086/375492

Miglio, A.; Montalbán, J. (octubre 2005). «Restringir parámetros estelares fundamentales usando sismología. Aplicación a α Centauri AB». Astronomía y Astrofísica. 441(2):615629. Código Bib:2005A&A...441..615M. doi:10.1051/0004-6361:20052988

Montarges, M.; Kervella, P.; Perrin, G.; Chiavasa, A.; Le Bouquin, J.-B.; Auriére, M.; López Ariste, A.; Mathías, P.; Ridgway, ST; Lacour, S.; Haubois, X.; Berger, J.-P. (2016). «El entorno circunestelar cercano de Betelgeuse. IV.

Vigilancia interferométrica VLTI/PIONIER de la fotosfera». Astronomía y Astrofísica. 588:A130. Código Bib:2016A&A...588A.130M. arXiv:1602.05108. doi:10.1051/0004-6361/201527028

Los satélites de la NASA capturan el inicio de un nuevo ciclo solar. PhysOrg (Noticias de ciencia/física). 4 de enero de 2008. Consultado el 10 de julio de 2022.
NASA. «La curva de luz de rayos X RXTE de Eta Carinae

O'Gorman, E.; et al. (agosto de 2015). «Evolución temporal del tamaño y la temperatura de la atmósfera extendida de Betelgeuse». Astronomía y Astrofísica. 580: A101, 11 págs. Código Bib:2015A&A...580A.101O. doi:10.1051/0004-6361/201526136
Orel, Thierry (agosto de 2018). «Revisión de la composición

química de α Centauri AB». Astronomía y Astrofísica. 615: A172, 22.

Paardekooper, S.-J.; Leinhardt, ZM (marzo de 2010). «Colisiones planetesimales en sistemas binarios». Avisos mensuales de la Royal Astronomical Society: Cartas. 403(1): L64-L68.

Phillips, 1995, págs. 78–79 Revista Pesquisa Fapesp (8 de marzo de 2012). «Revista de investigación de la Fapesp: Eta carinae, más allá del eclipse Robrade, J.; Schmitt, JHMM; Favata, F. (octubre de 2005). «Rayos X de α Centauri - El oscurecimiento del gemelo solar». Astronomía y Astrofísica. 442(1): 315-321. Código Bib:2005A&A...442..315R. doi:10.1051/0004-6361:20053314

Samus, NN; Kazarovets, EV; Durlevich, OV; Kireeva, NN; Pastukhova, EN (enero de 2009). "Catálogo de datos en línea de VizieR: catálogo general de estrellas variables (Samus +, 2007-2017)". Catálogo de datos en línea de VizieR: B/gcvs. Código Bib:2009yCat....102025S

Schutz, Bernard F. (2003). Gravedad desde cero. [SL]: Cambridge University Press. páginas. 98–99. ISBN 9780521455060

Seidelmann; et al. (2000). Informe del Grupo de Trabajo IAU/IAG sobre Coordenadas Cartográficas y Elementos de Rotación de los Planetas y Satélites: 2000». Consultado el 22 de marzo de 2006

Resultado de la consulta básica SIMBAD». SIMBAD. Consultado el 9 de enero de 2023
Sol. Diccionario de Aulete. Consultado el 14 de abril de 2010. Archivado desde el original el 6 de julio de 2022.

Las estadísticas vitales del sol». Centro solar de Stanford. Consultado el 29 de julio de 2008, citando a Eddy, J. (1979). Un nuevo sol: los resultados solares de Skylab. [ES]: NASA. PAG. 37. NASASP-402

Visser, Matt; Barceló, Carlos; Liberati, Stefano; Sonego, Sebastiano (2009) "Pequeño, oscuro y pesado: ¿Pero es un agujero negro?",

Bibcode: 2009arXiv0902.0346V

Woolfson, M. (2000). «El origen y evolución del sistema solar». Astronomía y Geofísica. 41. 1,12 páginas. doi:10.1046/j.1468-4004.2000.00012.x
Zeilik, MA; Gregorio, SA (1998). Introducción a la astronomía y la astrofísica 4ª ed. [Sl]: Saunders College Publishing. PAG. 322. ISBN 0030062284

Zhang, Bing; Xu, RX; Qiao, GJ (2000). «Naturaleza y crianza: un modelo para repetidores de rayos gamma suaves». El Diario Astrofísico. 545(2): 127–129. Código Bib:2000ApJ...545L.127Z. arXiv:astro-ph/0010225. doi:10.1086/317889. Consultado el 22 de septiembre de 2021

Zhao, lirio; Fischer, Debra A.; cervecero, Juan; Giguere, Matt; Rojas-Ayala, Bárbara (enero 2018). "Detectabilidad de planetas en el sistema Alpha Centauri". El Diario Astronómico. 155 (1): artículo 24, 12.

---

[1] Enastronomía, perihelio (o perihelio), que proviene de peri (alrededor, cerca) y helio (Sol), es el punto deorbitade un cuerpo, ya seaplaneta,planeta enano,asteroideocometa, que está más cerca deSol. Cuando un cuerpo está en el perihelio, tiene la mayorvelocidadentraducciónde toda su órbita. Cuando el cuerpo en cuestión está orbitando cualquier otro objeto celeste que no sea el Sol, se utiliza el nombre genérico.periastromopara identificar ese punto.

[2] afelioes el punto deorbitaen cualplanetao unocuerpo menor del sistema solarestá más lejos deSol. Cuando se trata de un objeto que orbita alrededor de una estrella que no sea el Sol, este punto se llamaapóstrofe. Las órbitas de todos los planetas son siempreelíptico, teniendo siempre un punto más lejano (afelio) y un punto más cercano (perihelio).

[3] unidadBasado enSistema Internacional de Unidades(SI) por grandezatemperatura termodinámica. El kelvin es la fracción $1/273,16$ de la temperatura termodinámica deltriple puntodesde elagua, es decir, se define tal que el punto triple del agua es exactamente $273,16$ K

[4] Técnica utilizada para estimar la edad de objetos y eventos.astrofísicos. Esta técnica emplea la abundancia de núcleos radiactivos, comouranioEstorio, similar al uso decarbono-14endatación por carbono.

[5] Determinar la edad de un objeto a partir de sustancias.radioactivocontenidos

en él y los productos de ladesintegración radioactiva

[6] En astronomía, el paralaje estelar se usa para medir la distancia a las estrellas usando el movimiento de la Tierra en su órbita. Es el ángulo que forman los rayos que parten del centro de una estrella y tendrán, uno en el centro de la Tierra, otro en el punto donde se encuentra el observador.

[7] La nucleosíntesis es el proceso de creación de nuevos núcleos atómicos a partir de núcleos preexistentes para generar el resto de los elementos de la tabla periódica.

[8] Esta radiación se predijo a partir de consideraciones teóricas tanto de lateoría de la relatividad generalcuanto deTermodinámica Clásica. La línea original de razonamiento fue trazada por un científico israelí llamadojacob bekenstein, que había sugerido que los agujeros negros podrían tener unentropíabien definidos, lo que, a su vez, sugeriría que también tienen untemperaturaigualmente bien definida. A la luz de esta predicción, la radiación de Hawking a veces se denomina radiación de Bekestein-Hawking.

ACERCA DEL AUTOR

José Ruiz Watzeck

Periodista, Escritor, Autor, Geógrafo, Matemático, Profesor, Neuropsicopedagogo, Especialista en Enseñanza Superior, Postgraduado en Auditoría, Gestión y Licencias Ambientales, Postgraduado en Geoprocesamiento y Georreferenciación, Pedagogo.

LIBROS DE ESTE AUTOR

La Historia De La Astronomia: Desde La Prehistoria Hasta El Siglo Xx (Spanish Edition)

La astronomía es la más antigua de las ciencias. Los descubrimientos arqueológicos han proporcionado evidencia de observaciones astronómicas entre los pueblos prehistóricos. Desde la antigüedad, el cielo se ha utilizado como mapa, calendario y reloj. Los registros astronómicos más antiguos datan aproximadamente del año 3000 aC y se deben a los chinos, babilonios, asirios y egipcios. En aquella época, los astros se estudiaban con objetivos prácticos, como medir el paso del tiempo (calendarios), predecir el mejor momento para la siembra y la cosecha, o con objetivos más relacionados con la astrología, como hacer predicciones sobre el futuro, ya que creían que los dioses del cielo tenían el poder de la cosecha, la lluvia e incluso la vida.

Al estudiar sitios megalíticos como los de Callanish en Escocia, el círculo de Stonehenge en Inglaterra, que data del 2500 al 1700 a. C., y las alineaciones de Carnac en Bretaña, los astrónomos y arqueólogos han llegado a la conclusión de que las alineaciones y los círculos sirvieron como hitos que indicaban referencias. y puntos importantes en el horizonte, como las posiciones extremas de la salida y puesta del Sol y la Luna, a lo largo del año. Estos monumentos megalíticos son auténticos observatorios para predecir eclipses en la Edad de Piedra.

En Stonehenge, cada piedra pesa una media de 26 toneladas. y la avenida principal que va desde el centro del monumento apunta al lugar donde sale el sol en el día más largo del verano. En esta estructura, algunas piedras se alinean con el amanecer y el atardecer a principios de verano e invierno. Los mayas en América Central también tenían conocimiento del calendario y los fenómenos celestes, y los polinesios aprendieron a navegar a través de las observaciones celestes.